KB160181

가보고 싶은 나라! 남아프리카공화국
풍물과 역사를 찾아서

최경자 지음

도서
출판 정음서원

안 정 훈

　한 지역 한 곳의 풍광도 보는 이 마다 다르고 똑 같은 사람이 보더라
도 느낌이 다르기 마련인데 한 나라의 자연과 사회의 풍광을 맛깔스럽
게 소개하고 많은 사람들로 하여금 관심을 불러일으킨다는 게 어찌 쉬
운 일이겠는가! 그 나라의 지형과 역사를 두루 알고 있어도 남에게 소
개하는 일은 무척 쉽지만은 않은 일일 것이다.
　저자, 최경자 씨가 남아공에 정착한지 16여 년이 흘러 많은 고생을
한다 했더니 어느새 남아프리카공화국 무지개의 한 줄기 빛이 되어 그
녀의 경험과 삶에서 우러나오는 열정으로 남아프리카공화국의 풍물과
역사를 소개하는 여행, 안내 길잡이를 내었다.

　저자를 간략히 소개한다면, "현대판, 조선 사대부의 마인드를 갖고
있는 여성"이라는 표현이 맞을 것 같다. 그녀의 삶 속에서 온전히 묻어
나는 솔직함과 순수함이 남아프리카공화국의 자연과 클로즈업되는 것
같아서 더욱 보기가 좋아 보인다. 자연스러운 표현 방식이 감칠나고, 맛
깔스러워 읽는 사람으로 하여금 지루함을 느낄 수 없게 하고, 그 역사
와 문화에 관련된 황홀한 사진들은 지적인 감동을 불러 일으키게 한
다. 쉽게 가보기 어려운 머나먼 이국 남아공에 대한 호기심을 자연스럽
고 매력적으로 마구 당기게 하는 마력이 있는 것 같아서 참으로 대견스
럽고 자랑스럽다.
　저자의 안내를 따라 가보면 이르는 곳마다 그 지방에 대한 특색과

역사 그리고 저자의 애정과 삶의 태도가 고스란히 함께 읽는 이들에게도 전해진다. 그 동안 모아둔 사진을 바탕으로 일일이 정성스럽게 글을 써내려 가면서도 때로는 힘찬 붓질로 과감하게 표현을 했다. 세월 속에 변모한 풍광과 풍물을 아름다운 사진과 함께 이야기로 담아 나갔다. '알고 먹는 감이 더욱 맛있다'고 저자의 이야기를 따라 남아공 곳곳을 들여다 보노라면 남아프리카공화국의 더욱 새로운 면모가 새록새록 신선하게 와 닿게 느껴진다. 또한 묻혀져 있는 역사가 되살아나서 마치 곳곳에서 몸과 눈으로 보여 주는 듯하다.

죽기 전에 꼭 한번 가보고 싶다는 충동감이 막 살아나고 관광이 절로 흥이 날 것 같은 이 즐거움, 온 몸으로 느껴지는 이 ~ 기분은 뭘까?! 그래서 이 책을 추천하게 된 것이다.

아무리 좋은 곳, 아름다운 나라일지라도 처음 시작하기가 망설여지기 마련인데 남아프리카 여행은 최경자 저자의 책「가보고 싶은 나라! 남아프리카공화국 - 역사와 풍물을 찾아서」를 들고 출발하게 된다면, 자신 있는 첫 발걸음이 될 것이라는 믿음이 생긴다. 이 책은 결코 짐이 되지 않을 것이며 틀림없이 여행 길잡이로서 꼭 있어야 할 좋은 길동무가 될 것임을 확신하고 추천을 한다.

이러한 책을 쓴 저자의 노력에 감사하며, 아울러 남아프리카공화국을 더 잘 이해하고 더욱 즐겁게 여행하는 데 이 책이 도움이 되기를 바란다.

2023. 10.

여행 작가 안 정 훈

내 팔자에 삶의 터전이 되어 버린
아프리카의 끝자락,
남아프리카공화국~

어렸을 때 내가 아는 아프리카는 약간은 미개한 나라였던 것 같다. 단지 긴 창과 칼, 방패를 들고 검정 피부에 천 조각을 걸친 몸으로 동물 사냥 하는 토인들과, 길거리에서 젖을 내놓고 갓난아이에게 젖을 물리는 시꺼먼 피부의 아낙네들이 살아 숨쉬는 곳, 그리고 들판에는 온 천지를 덮어 버릴 듯 강렬한 태양과 그 햇볕이 지글지글 타오르고, 또 문 밖에만 나가면 마치 야생 동물들이 사바나의 초원에서 활개를 치며 돌아다닐 것 같은 모습들이 마냥 생각해 왔던 아프리카였다.

케이프타운이 이토록 아름다운 도시라는 것은 16년 전 이곳에 와서 살아보기 전에는 전혀 상상도 못했다. 이제 보니 케이프타운은 이름 그대로 아프리카 속의 유럽이었다.

소시적 나는 친척들이 있는 미국을 선망하면서 우아한 유학의 꿈을 꾸곤 했다. 우아함과 품위를 담고 있는 유럽의 한 카페에서 멋과 세련된 분위기를 만끽 하면서~,

한 켠에는 여유롭게 책을 끼고 한 손에는 헤즐넛 향이 물씬 풍기는 커피를 들고 낭만을 즐기는~.

그런데 눈을 떠서 보니, 언제 내가 남아공에 와서 이렇게 살고 있는 것이 아닌가!

가족이나 친척 하나 없이 열악하고 척박한 이 곳에 홀로 와서, 언어는 불통이고, 어느 한가지 쉬운 일이 없었다. 시꺼먼 아프리카 나라에서 어린 토끼 같은 애들만 줄줄이 껴 안고 두려움과 불안에 떨며 행여라도 잡아 먹힐까 노심초사하는 모습이 마치 동물의 세계에서나 볼 수 있음직한 어미들의 삶 그대로였다. 외국에서 혼자서 애들 5명을 기르는 일은 말만큼 쉽지가 않았다. 거기에 홈스테이 10명을 혼자서 건사하고 비즈니스 하기까지 파란만장했던 일들이 주마등처럼 스쳐 지나간다. 그렇게 고군분투하면서 살아 온지 이제 17년 차 된 기러기 엄마이다. 지금 남은 아이 한 명과 이렇게 평화롭게 살게 된지는 불과 몇 년이 채 되지 않는다.

나는 어느 누구나처럼, 꼼꼼히 유학에 대한 정보를 탐색하고, 일일이 사전 답사하면서 시간을 두고 차근차근 준비해 온 유학파가 아니다. 2007년 2월 즈음 내 신체 일부를 줘도 아깝지 않을 만큼 정말로 사랑했던 여동생을 잃었다. 나는 잔병치레 한번 없던 동생을 단순 감기로 진단했던 병원에서 하루아침에 난데없는 의료 사고로 황망에게 죽음으로 떠나 보낸 의료사고 가족이다. 그 충격으로 다니던 직장도 바로 그만 두고 병원과 전쟁을 하면서 사투를 벌였다. 난생 처음으로 시위집회를 주도하여 경찰에 불려가고, 법정에 서는 일이 직업이 되었다. 자녀 세 명과 조카 둘을 엄마에게 맡기고 그렇게 몇 개월을 미친 사람 마냥 전투병으로 쏘다녔던 것 같다. 의료사고가 해결이 되지 않아서 동생의 시신은 싸늘한 주검으로 병원 안치소에서 2달 동안 방치되어 있었다.

동생의 억울한 죽음은 나를 길거리로 내 몰았고 소복을 입고 병원 앞에서 몇 달째 시위를 계속 이어 갔고 정신이 반 나간 채로 교회 기도실, 병원 안치실, 아파트 앞을 이리저리 울부짖으면서 동생 이름을 부르고 돌아 다녔던 것 같다. 그 당시 설상가상으로 병원 측과 몸 싸움 와중에 뇌진탕으로 머리까지 다쳤다.

그런 나를 지켜보던 남편은 걱정이 되어 유학을 권유했다. 나로서는 반대할 이유가 없었다. 여기 저기 가는 곳마다 동생의 환상이 보였고, 함께 있을 때 잘 해 주지 못했다는 자책감으로 후회하고 자신을 질책하며 날마다 악몽과 울음으로 하루 하루를 넋 없이 보내고 있었기 때문이다. 온전한 정신이 돌아오기도 전에 도피하듯이 서둘다 보니 사전 답사 따위는 생각할 겨를도 없었고, 두 달도 채 안 되는 촉박한 시간 안에 일사천리로 준비하고 짐 싸서 애들과 함께 유학 길에 오르게 되었던 것이다. 이렇다 할 유학 플랜도 없이 그냥 현실을 도피하듯 떠나 온 것이다.

그렇게 현실을 탈피하고 싶을 만큼 뼈저린 후회가 있었다. 그때까지만 해도 우리 가족은 모두가 다 건강했고 큰 병치레 한번 겪어 본 적이 없었던 터라 30대의 젊고 건강했던 여동생이 좀 아프다 해도 대수롭게 생각하지 않았다. 그 무렵 우리 막내 늦둥이 돌봄이를 하던 여동생이 계속 기침과 빈혈이 있다며 빈혈에 좋다는 "선짓국"이 먹고 싶다고 사 달라는 부탁을 했다. 그런데 그 당시 나는 바둑에 잠시 미쳐 있었다. 바둑이 끝나고 나면 그 부탁은 까마득하게 잊혀져 있었고, 무심하게도 나는 애들 저녁 준비한다고 황급히 집에 와버렸던 것이다. 그것도 두 번씩이나~! 문제는 그 부탁이 생전에 마지막 부탁이 돼 버린 것이다. 어지러워서 먹고 싶다는 것을 못 사줬다는 자책감, 감기로 아파하고 어지러웠을 때도 같이 있어 주지도 못했다는 그 죄책감이 지금까지도 뼈 속 깊이 사무쳐 있다. 그 이후로 바둑과는 완전히 연을 끊어버렸다.

　　그렇게 남아공 유학 생활은 시작되었지만, 한국에서 이미 몸과 마음이 만신창이 되어 버린 나는 쉼이 필요 했다. 하지만 남아공 정착 생활은 어느 것 하나 호락호락한 것이 없었고, 말을 거세당한 벙어리마냥 멍하게 서 있으니 무기력한 사람 취급 당하기 일쑤였다. 그러다 보니 외향적인 성격은 온데간데 없이 사라지고 타국 생활에 적응이 쉽지가 않았다. 이질감에다가 불안한 치안으로 예민함과 공포와 두려움은 커지고 고국과 남편, 가족에 대한 그리움과 목마름은 더욱 쌓여만 갔다. 쉼이 필요했던 나였지만, 이미 주사위는 던져졌으니 남아공에서 어떤 결과든지 얻어서 떠나야겠다고 마음 먹었다. 그렇게 몇 년간을 정신 없이 숨가쁘게 아빠 몫까지 처리해가면서 뛰어 다녔던 것 같다. 남아공 생활 5년이 다 되어 갈 즈음 사랑했던 동생 얼굴만 떠오르면 쏟아지곤 했던 눈물이 어느 날부터 멈추게 되었다.

　　슬픔을 당하고 깨달은 바는 '슬퍼도 너무 슬퍼하지 말자! 산 사람은 남은 가족을 위해 살아야 하니까.' 라는 말이다.

　　그 후로도 또 남아공에 있는 동안 세 번이나 큰 슬픔을 겪었다. 언니, 오빠 그리고 어머님이 돌아가셨다. 타국에서 가족 잃은 슬픔은 말로 이루 형언할 수 없을 정도로 몇 배 이상 슬펐다. 시간이 약이라고 한 일주일씩 그렇게 홍역을 앓았다. 그런 세월을 겪으면서 앞만 보고 살다 보니 남아공 생활도 몸에 익숙해져 가고 있었다.

　　케이프타운의 그윽한 아름다움 속의 여유, 풍광들, 멋스러운 건물, 곳곳에서 묻어 있는 천혜의 아름다운 자연들이 눈에 들어 오기 시작했다. 하지만 남편 없이 이 아름다운 자연을 혼자서 만끽하는 것은 죄

스러웠고 사치스러운 것 같아 미안한 마음에 매번 휴양을 제대로 즐기지 못했다. "나중에 아이들 아빠가 오면 함께 무한히 맘껏 다같이 즐기자,~!" 라고 보류 했던 것들이 지금은 많이 후회가 된다. 이미 아이들은 훌쩍 다 자라서 각자 자기 갈 길로 가버렸고 막내 아들만 같이 있지만 이제는 따라 다니지도 않는다. 정작 남편은 Covid-19 이후로, 더 이상 자주 못 오게 되었다. 이제 모든 것들이 여유도 있고 웬만한 아름다운 유명장소, 역사, 문화도 많이 습득이 되어 사랑하는 가족들에게 꼭 한 번 들러서 보여 주고 싶은데 너무 늦어 버렸다.

그래서 말하고 싶다. "여유 있을 때 즐겨라! 시간이 있을 때 만끽해라! 건강 할 때 즐겨라! 즐길 수 있는 시간과 여유는 언제나처럼 기다려 주지 않는다!"는 것을.

지금에서 보니 방대하게 넓은 천혜의 아름다움을 다 가진 남아공, 그 중에서도 황홀할 만큼 아름다운 케이프타운을 그냥 지식창고에 보관만 하고 있기에는 너무나 아깝고 너무 서운함이 크다는 생각이 들었다. 내 나이 60을 바라본다. 몇 해를 못 넘겨 내가 얻은 지식은 곧 백지로 돌아갈 것이다. 해서, 나는 남아공을 찾고 방문하는 이들에게 남아공의 매력과 아름다움을 십분 이해하고 긍정적으로 느끼고 적응할 수 있도록, 가장 뜨끈뜨끈한 정보와 신선한 지식을 담아 그저 편하게 브런치(Brunch)를 즐기 듯이 알차게 만들어 드리고 싶다.

내가 남아공 생활에 익숙해지면서 한인회 봉사를 5년간 하면서 임원, 사무총장 직을 수행했다. 한인회장 직도 맡을 기회가 있었지만 사양하고, 남아공 칼리지 대학에 진학하여 미디어 앤 그래픽 디자인 전공 학사 3년 공부를 했다. 또한 투어 가이드 자격증을 따기 위해 관광, 역사, 문화 공부를 할 수 밖에 없었다. 마침내 투어가이드 자격증까지

취득했다. 나는 유달리 역사를 좋아하기 때문에 한국이든, 남아공이든 역사에는 남다른 흥미로움을 느꼈고 재미있어 했으며 이해도 빨랐다. 해서, 이 참에 남아공의 역사 탐방, 문화, 관광 가이드까지 좀 더 깊이 공부를 하면서 책을 내게 되었다. 또한 이 책은 격식, 형식, 고정관념을 파괴하고 단지, 16년 이상을 살면서 숙련된 경험과 생생한 삶, 현장을 그대로 담아 드리고 싶은 마음뿐이다

이제 그토록 갈망하던, 내 형제 가족이 있는, 내 남편이 있는 고국 대한민국으로 돌아 가야 할 시간표가 되었다. 아니 벌써 지났다. 아마도 최 장수 기러기 엄마가 아닐까 싶다.

처음 남아공에 왔을 때, 아이들이 줄줄이 딸려 있는 것을 본 일면식도 없던 한 한국인이 했던 말이 기억난다.

"혹시, 선교사님이신가요~~?

"오~잉!

나에게 선교사님 냄새가 나나~? ㅎㅎㅎ.

남아공 오기 전에는 일본어에 좀 자신이 있었던 터라, 일본에 가서 살고 싶었다. 또 영국은 업무 차 출장을 갔던 곳이라서~. 그리고 미국은 친척이 있는 곳이라서~ …. 이런 식으로 이유를 붙여 그 곳 사람을 만나면, 절로 '내가 살고 싶었던 나라였어요~~' 했다.

그런데 정작 남아공에 와서는 입에서 튀어나오는 말이 "남아공은 내 팔자가 아니예요.!" 했다. 하지만 그때마다 바로 이어서, "아니요, 당신은 남아공이 팔자에 맞아요..!"라는 말을 듣곤 했다.

그래, 맞다! 내 팔자의 나라! 남아공은 내 운명을 바꿔 놓은 곳이고 잠재되어 있는 무한한 능력을 깨워 주었다. 무엇보다, 수려한 아름다운 자연은 지쳐있는 몸과 마음을 완전히 치유해 준 곳이기도 하다. 내 생

애 겪어 보지 못한 수 많은 사건, 사고들을 혼자서 처리 해 가면서 아프리카는 또한 나를 강하게 만들어 놓았다. 그렇게 고군분투하는 동안, 엄청난 걸물이 되어 있는 자신을 보게 된다. 이제는 어디에 내놔도 무서울 것이 없는 박진감이 넘치는 사내다운 여장부가 되어 있다. 휠~~! 솔직히 말해서 믿거나 말거나 이지만, 이렇게 내가 변할 줄은 정작 나 자신도 몰랐다. 아마도 더 중요한 것은 천혜의 아름다움을 다 가진 남아공의 환경과 황홀한 자연 속에서 친환경적인 음식과 비타민 D가 쏟아지는 뜨거운 태양아래 건강을 유지 할 수 있었던 탓도 있으리라!

이제 남아공을 떠나더라도 이곳은 고향처럼 반갑고 즐겁고 편안한 제2의 아름다운 안식처가 되어 버렸고, 남아공 사람들을 만날 때도 검정 피부까지도 아름답게 보이는 나의 고향 친구, 형제처럼 반기고 사랑하게 될 것 같다. 이방인으로서 좌충우돌, 우여곡절, 다사다난 했지만, 지금의 여기에 있기까지, 애들 5명이 다 무탈하게 건강하게 잘 자라 주었으니 말이다. 너무나도 감사할 일이 아닐 수 없다.

이렇게 기러기 엄마가 오랜 세월을 남아공에서 혼자서도 살 수 있었던 것은 나 혼자만의 의지와 힘으로 된 것은 아니다. 이 시간에 이 책을 내는데 도와 주신 분들에게 감사함을 전하고 싶다.

무엇보다 나의 삶 자체가 하나님의 은혜와 사랑 이였다고 먼저 고백하고 싶다. 그리고 묵묵하게 가족을 위해 늘 평정을 지켜 주었던 남편이다. 경제적, 육체적으로 많이 힘들었을 텐데도 내색 한번 하지 않고 지금까지 남아공 생활을 영위할 수 있도록 아낌없는 후원과 사랑과 지지를 보내 주었다. 이러한 삶의 기쁨을 남편에게 돌리는 것은 당연한 것이다. 그리고 우리 아이들이다. 바깥일을 좋아하는 엄마를 과연 누가 좋아했을까? 그런 엄마를 이해해 주고 받아 주고 도와 주었던 우리 아이들과 홈스테이 했던 아이들에게도 너무 고맙고 감사하다.

우리 아이들에게 어렸을 때부터 했던 말이 있다.

"너희들은 한국의 작은 외교관이다."라는 사명을 심어 주었는데 다행히도, 아이들 모두가 반듯하고 예쁘고 착하게 잘 자라 주었다.

그리고 지금의 내가 칼럼니스트, 작가가 되기까지 정말 많은 격려와 힘을 실어 주신 노창현 대표님께 감사함을 전하고 싶다. 다음으로, 부족하고 모자란 글이지만 아낌없는 협업과 고생을 해주신 정음서원 박상영 대표님께도 감사드린다.

마지막으로 유명한 인기 여행작가로 지구촌을 누비고 다니시는 안정훈 선생님께도 이 고마움을 전하고 싶다. 안 선생은 유쾌, 상쾌 코믹하고 한번씩 번쩍이는 아이디어로 막힌 마음을 펑 뚫어 주신다.

이외에도 감사하고 고마운 분들이 너무 많이 있지만, 다 열거할 수가 없어서 아쉬움이 남는다.

끝으로 이 책을 관심 있게 읽어 주시는 모든 독자 여러분들께도 머리를 숙여 감사함과 고마움을 전해드리고 싶다.

2023년 10월

케이프타운에서 최경자

차 례

※ **참고** : 이 책에 실린 정보는 2023년 10월 기준으로 작성되었습니다. 본문내의 일부 브랜드명/제품명/지명 등은 현지에서 발음하는대로 표기하였고 ( ) 안에 영어 또는 아프리칸스, 코사어로 스펠링을 병기하였으니 참조하기 바랍니다.

물 항아리를 들고 있는 흑인 여인 상

남아프리카공화국의 역사 발자취

남아프리카 공화국, 이곳에 살던 인류는 약 2~300만 년 전 구석기 시대부터 역사 유적을 남겨 놓았다. 그 만큼이나 역사가 길고 문화의 골이 깊은 다채로운 나라이다. 그러나 근대 남아프리카 공화국의 역사는 14세기 말 무렵에 유럽인들이 남쪽, 즉 대서양 저 끝자락에 거대한 땅덩어리가 있음을 알게 되었고 그리고 정복을 하면서 평탄했던 남아프리카공화국의 역사 흐름은 급 물살을 타기 시작했다. 그 역사를 보다 쉽게 이해하기 위해 다음과 같이 '시대'별로 주요 역사적 사건을 골라 보았다.

15세기 유럽인의 세계관을 담은 지도. 그들은 대서양과 인도양이 아프리카 남단에서 이어져 있는 줄을 꿈에도 몰랐으며, 인도로 가는 무역통로를 찾기 위해 탐험할 수밖에 없었다.

• 1488년 포르투갈 탐험가 바르톨로뮤 디아스가 유럽인 최초로 남아공 케이프에 상륙하다. 오늘날 디아스 박물관 단지에는 그 배 모형이 있다.(http://www.diasmuseum.co.za/참조)

• 1503년 안토니오데 살단하가 유럽인으로서 최초로 테이블 마운틴(Table Mountain)에 오르다.

• 1652년 네덜란드인 리베크가 유럽과 극동의 중간 기착지인 케이프타운(Cape Town) 땅에 상설 보급기지와 선원들을 위한 병원을 건설하

다.
- 1666년 "희망봉의 성" 작업이 시작된다.
- 1688년 프랑스 위그노 난민들이 자국을 떠나 케이프에 정착하다.
- 1786년 샤카와 모쇼에슈는 바소토족의 미래의 왕이다. 두 명의 위대한 남아프리카, 아마줄루족의 모쇼에슈와 샤카가 태어났다.

샤카 카센잔코나

- 1806년 영국군은 두 번째로 케이프를 점령했다. 네덜란드 군은 항복하고 바타비아 정부의 모든 재산은 영국에 귀속된다.
- 1820년 영국의 경제적으로 침체된 지역에서 온 약 5,000명의 영국 정착민들이 케이프에 도착하다.
- 1834년 보어족의 무장한 농부들이 케이프 식민지에서 이주를 시작 하다.
- 1856년 '소 죽이기' 예언은 코사족(Ama Xosa)에 의해 수행된다. 첫샤요(Cetshwayo)는 아마줄루의 왕으로 음판데의 뒤를 잇는다.
- 1867년 킴벌리에서 다이아몬드가 발견되었고, 3년 후에 더 많은 다이아몬드가 발견되어 그때부터 사람들이 킴벌리 지역으로 몰려 오다.
- 1886년 위트워터스랜드(Witwatersrand)에서 금광이 발견되었다.
- 1893 마하트마 간디(Mahatma Gandhi) 또는 "위대한 영혼" 간디가 인도에서 남아공에 도착. 나탈의 차별적 관행에 대한 저항을 고무하고 조직하다.

스텔렌보쉬의 토카라(Tokara) 와인 팜에 전시 되어 있는 여인의 동상

프리카를 축복하소서'(출처: EarthAfrica)

- 1895 ~ 1896년 폴 크루거의 트랜스발 공화국에 대한 제임슨 습격은 영국의 식민지 정치가 리앤더 스타 제임슨에 의해 수행된다. 이 작전은 트란 스발에서 주로 영국인 해외 노동자들('유이트 랜더'로 알려진)이 봉기를 일으키려는 의도였지 만 실패했다. 그들은 군대를 모집하고 반란을 준비할 것으로 예상되었다.

- 1897년 남아프리카에서 자동차가 첫 선을 보이다.

- 1899년 에녹 손통가는 전통적인 민중 해방 찬가 "은코시 시켈레 이 아프리카 "Nkosi Sikilel' lAfrika"(아프리카를 축복하소서)를 작곡하다.

- 1902년 제2차 영국-보어 전쟁(제2차 대 남아공 전쟁) 이 발발하고 금광의 유혹은 대영제국의 자원 을 투입하고 그 전쟁에서 승리하는 데 필요한

남아프리카공화국의 헌법재판소 앞에 상징적인 인물을 그린 벽화

막대한 비용을 발생시키는 일을 하게 만든다.

- 1905년 세계 최대 다이아몬드, 컬리넌(Cullinan) 다이아몬드 발견, 현재 영국 왕실에 보관.
- 1910년 5월 31일 남아프리카 공화국은 나탈(Natal) 곳, 트란스발(Transvaal), 오렌지 자유국 (Orange Free State)의 연합으로 출범하다.
- 1912년 남아프리카 공화국 원주민 국민회의(SANNC) 는 남아프리카 공화국의 흑인 인구에 대한 부당함에 항의하기 위해 블룸폰테인에서 결성되다. 이는 나중에 아프리카 국민회의(ANC)가 된다.
- 1913년 "원주민 토지법"(Native Land Act)은 흑인들의 토지 소유를 제한하기 위해 통과되었다.
- 1919년 남아프리카의 산업 및 상업 노동자 연합의 창립. 총리 루이 보타(Louis Botha)가 사망하고 얀 크리스티안 스뮈츠(Jan Christiaan Smuts)가

1924년까지 남아프리카 연방의 총리가 되다.

- 1922년 정부가 대규모 광부 파업을 진압하는 과정에서, 폭동이 일어나 214명이 목숨을 잃다.

- 1927년 크루커 국립공원 에 첫 관광객 방문. 강제 분리가 발표 되다.

- 1948년 "아파르트헤이트"(인종차별정책) 국민당(NP)은 "아파르트헤이트"(Apartheid)라고 알려진 백인 지배와 인종 분리의 엄격한 정책을 만드는 것으로 이끄는 백인 전체의 선거에서 승리하고 이때부터, 아파르트 헤이트가 시작이 된다.

- 1955년 남아프리카 "자유 헌장"(Freedom Charter) 남아프리카공화국의 '자유 헌장'은 요하네스버그 인근 클리프타운에서 열린 '국민회의'에서 채택됐다. 이것은 남아프리카에서 열리는 가장 대표적인 다 인종 회의이다. 아프리카 민족회의, 남아프리카 인디언 회의, 남아프리카 유색인종 단체, 민주당원 회의를 포함한다.

루툴리 ANC 의장

- 1960년 샤프빌에서 69명의 흑인 시위자들이 사망. 이때부터 ANC는 남아프리카 공화국의 흑인 권리를 위한 불법적이지만 강력한 반대 세력으로 기능. 위대한 흑인 지도자이자 ANC, 앨버트 루툴리(Albert Luthuli)가 노벨 평화상 수상

- 1961년 이 나라는 영국 연방을 떠나 남아프리카 공화국의 독립 공화국이 되다.

- 1962년 ANC 지도자 넬슨 만델라(Nelson Mandela)가 반역죄로 체포되어 투옥되다.

- 1967년 "District Six(6구역) 백인들만의 교외로 선언되었고 모든 백인이 아닌 사람들은 케이프 플랫의 새로운 마을로 강제 이주된다. 크리스티안 바너드(Christiaan Barnard)교수는 케이프타운에 있는 그루트 슈어(Groote Schuur) 병원에서 세계 최초로 심장 이식 수술에 성공한다.
- 1976년 6월 16일 아침, 수천 명의 흑인 학생들이 학교에서 아프리칸스어를 통해 배워야 하는 것에 반대하는 집회, 많은 사상자가 발생이 되다.
- 1984년 데스몬드 투투(Desmond Tutu) 대주교는 노벨 평화상을 받다.
- 1987년 미국, 남아공 제재 수위를 높이다. 백인만의 정부에서 공식적인 야당 된다.
- 1990년 드 클레르크(De Klerk)대통령은 인종차별 정책을 포기할 의사를 발표한다. ANC, PAC, SACP 및 기타 조직은 합법화 된다. 넬슨 만델라는 27년 만에 감옥에서 풀려난다.
- 1991년 넬슨 만델라(Nelson Mandela)가 ANC의 대표가 된다.
- 1993년 SACP 지도자의 크리스하니(Chris Hani)가 암살 당하다.
- 1994년 임시 헌법에 따라 4월에 실시된, 남아프리카 최초의 민주 선거를 통해 넬슨 만델라가 대통령으로 선출된다.
- 1995년 남아프리카 공화국 럭비 월드컵 개최국/ 우승국, 엘리자베스 2세 여왕은 1947년 이래 처

투투 대주교

만델라 대통령

음으로 남아프리카를 방문하다.

- 1996년 "진실과 화해 위원회"(TRC) 청문회, 민주주의 헌법은 제헌 의회에 의해 초안되고 채택된다. 마지막 수감자들은 로벤 섬(Robben Island)에서 이주했고, 국가 기념물로 지정되다.

- 1999년 넬슨 만델라가 은퇴하고 타보 음베키(Thabo Mbeki)가 그의 뒤를 이어 대통령이 되다.

- 2008년 ANC 지도부 음베키가 사임하고 그는 크갈레마 모틀란테로 교체, 미리암 메이크바는 76세의 나이로 사망하다.

- 2009년 제이콥 주마(Jacob Zuma)는 NPA가 그에 대한 부패 혐의를 취하한 후 남아프리카 공화국의 대통령으로 선출됨. 헬렌 수즈먼(Helen Suzman) 91세 나이에 사망하다.2010년 남아공은 6월과 7월에 최초 아프리카 FIFA 월드컵 토너먼트를 개최하다.

- 2013년 12월 5일, 남아프리카 공화국 최초의 흑인 대통령 넬슨 만델라가 95세의 나이로 사망하다.

- 2018년 2월 15일 시릴 라마포사가(Cyril Ramaphosa) 남아프리카 공화국의 대통령으로 선출되다.

- 2020년 3월 4일 남아프리카 공화국에서 코로나19가 처음 보고되다. 3월 15일 국가 재난이 선포 되다.

- 2021년 12월 2일 데스몬드 투투(Desmond Tutu) 대주교가 사망하다.

다양한 문화의 나라
남아프리카공화국으로 들어가 보자
- 유용한 여행 정보 및 팁

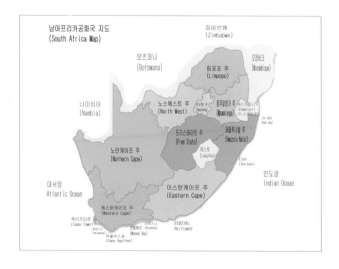

남아프리카공화국 지도
(South Africa Map)

한때 과거에는 남아공 관광협회 슬로건은 "세계를 품은 나라~~!" 였다. 오늘날, 급변하는 시대에 발맞춰 남아공은 "The Live Again" 슬로건으로 또 다른 변화를 꿈꾸고 있다.

양파와 같이 남아공은 파면 팔수록, 벗기면 벗길수록, 묘하고 신비 롭기 까지 한 남아프리카공화국 매력에 빠지지 않을 수 없다. 이제 남 아프리카공화국, 그들이 살아 가는 문화, 기후, 생활, 좀 더 깊이 파헤 쳐 보자.

뮤젠버그 해안의 휴양객

　많은 사람들이 남아프리카공화국에는 일 년 내내 햇볕만 내리쬐는 여름만 있다고 생각을 할 것이다. 하지만, 남아공에도 봄, 가을, 여름, 겨울이 한국처럼 뚜렷하지는 않지만 사계절이 있는 나라이다. 신의 축복을 받은 남아프리카공화국의 아름다운 날씨는 역사적으로 비추어 보았을 때, 그들만의 삶과 생활방식에 지대한 영향을 주었음을 그들의 삶이나 생활 곳 곳에서 찾아 볼 수가 있다. 지리적으로 너무나도 온화하고 쾌적한 남아공의 화창한 날씨는 스포츠와 그들의 서핑, 캠핑, 너나 할 것 없이 앞 뒤로 탁 트인 황홀한 자유의 공간에서 깨끗한 자연 그대로 뜨거운 태양 아래에서 마음껏 누릴 수 있는 그들의 여유, 풍요로움은 그들의 진정한 삶의 질을 높여 주었고 그들 만에 누리는 천혜의 특권이 아닐 수 없다.

■ 남아프리카공화국 개관

- **국토** : 남아프리카 국토 총 면적은 1,219,602 km²이며 해안선의 길이는 2,798 km이다.
- **대도시** : 요하네스버그(Johannesburg) 또는 조벅 , 케이프타운(Cape Town) 및 더반(e Thekwini or Durban)

- **수도** : 행정부: 프레토리아(Pretoria or Tshwane), 사법부: 블룸폰테인(Bloemfontein), 입법부: 케이프타운(Cape Town)
- **인구** : 60,463,368명(2022년 1월 기준)
- **주요 언어** : 줄루어, 코사어(Xhosa), 아프리칸스어, 영어이지만, 기타 언어 포함해서 공식 언어는 11개.
- **경제** : 남아공도 마찬가지로 주요 경제 부문은 파이낸스 부분이 23% 비중을 차지하고 개인 서비스가 2번째로 차지한다.

국화 : 킹 프로티아

- **기후** : 온대, 아열대 기후;
  웨스턴케이프(Western Cape)를 제외하면 여름 강우 지역
- **사계절** : 봄(9월 ~ 11월), 여름(12월 ~ 2월), 가을(3월 ~ 5월), 겨울(6월 ~ 8월)
- **평균 기온** : 일년 평균 기온은 17.5도, 월 평균 기온 22도(12월, 1월), 11도(6월, 7월)

스프링 복

- **최고점** : 드라켄즈버그(Drakensberg) 산맥, 해발 고도 3,482m
- **국화** : 프로티아(Protea)
- **국목** : 엘로우드(Yellowwood)
- **동물** : 스프링 복(Spring Bok)
- **국기** : 남아공 국기는 6가지(빨강, 초록, 검정, 노랑, 파랑, 흰색) 색이 있는 '통합과 단결'의 의미를 담고 있다.

남아공 국기

- **종교** : 백인, 흑인, 아시아인, 컬러드 등 다양한 민족이 살고 있는 것 만큼, 종교도 다양하다. 인종 별로 다르기는 하나, 보통 기독교가 87%, 힌두교, 유대교, 이슬람, 토속신앙 순이라고 할 수 있다.

남아공 국장

워터프런트에서 관람하고 있는 사람들

킹 프로티아 꽃다발

국목 : 옐로우드

남아프리카공화국은 전반적으로 날씨가 온화한 곳이 많고 일조량이 높다. 강우량은 세계 평균의 약 절반 수준이다. 하루 일교차가 20도 이상 차이가 나기도 하며. 웨스턴케이프는 지중해성 기후로 겨울에 비가 내리지만 대부분의 다른 지역은 여름에 비가 내린다. 북쪽, 가우텡(Gauteng)에 위치하고 있는 요하네스버그(Johannesburg)의 여름은 일반적으로 덥고 습기가 많다. 겨울은 온화하고 건조 하지만 밤은 다소 춥다. 동해안 북쪽 코시 베이(Kosi Bay)에서 길게 뻗어 있는 해안선을 따라 남으로 흐르는 온난한 인도양은 남쪽 아굴라스곶(Cape Agulhas)에서 대서양을 만나게 된다. 이 해안선은 세계에서 41번째로 긴 해안선인데 약 2,798km이다.

남아공과 이웃하고 있는 주변나라로는 나미비아(Nambia), 보츠와나(Botswana), 짐바브웨(Zimbabwe), 모잠비크(Mozambique)와 에스와티니(Kingdom of Eswatini)가 있다. 참고로, 에스와티니의 옛 국명은 스와질랜드(Swaziland)였다. 2018년 4월, 독립 50주년을 기념해서 식민지 잔재 청산목적으로 영국식 스와질랜드 국명을 에스와티니 왕국(Kingdom of Eswatini)으로 변경한 것이다. 그리고 참 신기한 것이, 남아프리카공화국 한 가운데에는 작은 나라인 레소토(Lesotho)가 자리잡고 있다. 레소토는 아프리카 속의 또 다른 아프리카이다. 해서, 남아프리카공화국에서 자동차로 다닐 수 있는 나라는 총 6개국이 된다.

남아공을 여행할 때, 시간과 여건이 허락 한다면, 여행 일정을 넉넉하게 잡아 보는 것도 좋을 것 같다. 남아프리카 공화국은 많이 알려져 있다시피, 아프리카 나라 중에서 선진국이라고 불릴 정도로 잘 발달되어 있다. 남아프리카 공화국은 사파리 뿐만 아니라, 야생화, 풍경, 문화유산, 보존 개발된 인프라, 사회 전반적인 시설, 다양한 스포츠에 이르기까지 많은 것을 부족함 없이 선사할 것이다. 또한, 특별한 관심 활동 분야 즉, 교육, 연구, 학회, 예술과 문화, 쇼핑시설, 회의와 전시, 다양한

누드훅(Noorthhoek)

모험과 탐색 여행, 헬스, 온천도 충분히 즐길 수 있는 여건이 잘 형성되어 있다.

이와 같은 환경을 가진 남아프리카공화국은 진정 세계를 품은 나라답지 않은가! 가히 대 자연환경이 얼마나 아름답고 다양한 지를 짐작하게 한다. 우리는 이제 대 자연을 즐기기 위해 약간의 긴장과 꼼꼼한 준비물도 점검해야겠다.

복장은 튀는 옷, 화려한 옷, 액세사리는 가능한 자제하고 귀중품은 호텔 금고에 보관하는 것이 좋다. 그리고 항상 한 두 시간 걸어 다녀야 할 거리라면, 생수, 자외선 차단제, 선탠로션, 선글라스, 모자를 필히 챙겨야 한다. 여름철에는 탈수 현상도 찾아 올 수 있기 때문이다. 남아공에서는 아직 이용할 만한 대중교통수단이 잘 발달되어 있지가 않다. 해서 우버 택시(Uber) 또는 렌터카를 이용할 것을 추천한다. 자유배낭 여행 같은 경우는 보다 철저한 준비가 필요하다. 밤 늦은 시간에는 쇼핑, 관광 그리고 밖으로 걸어 다니는 것은 자제해야 한다.

남아공에서는 아시아인들을 대다수 중국인으로 생각한다. 그래서 "니하오"라는 인사를 많이 한다. 그럴 때에는 웃으면서 "안녕하세요" 또

한적하고 조용한 남아공의 하우스들

는 "헬로우(hello)"라고 무안하지 않게 응답해 주면 된다. 또한 아프리칸 타임(African Time)을 기억해야 한다. 한국처럼 빨리빨리 생각하면은 큰 오산이다. 상당히 느긋하고 여유가 있는 남아공 사람이라고 생각을 하면 된다. 대다수 백인은 약속 시간을 잘 지키는 반면, 흑인 같은 경우는 보통 10~20분은 늦다고 생각을 하면 된다. 다소 늦더라도 절대 기분 나쁜 내색을 하지 말아야 한다.

남아공 사람들은 인사를 매우 중요하게 생각한다. 물건을 받을 때에도 두 손으로 받고 당신(You)보다는 남성에게는 미스타(Mr), 또는 여성에게는 미세스(Mrs) 등의 호칭을 사용한다. 한국인은 눈을 마주치지 않으면, 거짓말을 한다는 오해를 하게 되는데, 그들에게는 '존경의 표시'이다. 모르는 사람들과 눈이 마주치면, 웃음으로 인사하면 된다. 절대 기억해야 할 것은, 남아공사람들에게는 아픈 과거가 있기 때문에 인종차별적인 언어나 행동, 태도는 절대 조심해야 한다.

기타 상세하고 유익한 정보와 팁은 34쪽 이하 박스 안의 내용을 참고하기 바란다.

> **〈초간단 남아공 여행 점검 필수 사항〉**
> ①여행 계획 ②비자(1개월은 무비자) ③예방접종 확인 ④여권 ⑤항공권 ⑥숙소 예약 ⑦필수 여행 정보 수집 ⑧교통편 확인 ⑨환전 ⑩여행자 보험 ⑪출발을 위한 짐꾸리기

클리프톤 해변가(Clifton Beach)

■ 긴급 연락처 및 주요 여행 정보

- 국제전화 식별번호(International Dialling Code) : +27
- 지역 전화번호 안내 1023
- 요하네스버그 011 / 케이프타운 021 / 더반 031 / 프리토리아 012
- 긴급 연락처
  - 주남아공 한국대사관 +27-12-460-2508 (대표전화),
    +27-66-332-5897 (긴급전화, 24시간)
  - 경찰서 10111 / 핸드폰일 경우 112
  - 구급차 10177
  - 관광 치안 083 1236789/ Crime Stop(Report) 08600 10111
  - 남아공 상세한 안전 정보 www.saps.gov.za
- 통화(Currency) : 1 랜드(Rand) = 70원, 191랜드(Rand) = US$10. ISO-4217 통화코드는 ZAR이다. 남아공 지폐에는 동물 그림 빅-파이브(Big Five)가 들어가 있다. R200(표범), R100(버팔로), R50(사자), R20(코끼리), R10(코뿔소).

(모든 지폐 뒷면에는 아래 사진 200랜드 지폐 뒷면처럼 만델라 상을 그려 넣었다.)

- 은행(Bank) : 스탠다드/에프앤비/압사/네드뱅크/캐피텍뱅크
  근무시간은 평일 09:00 ~ 15:30 / 토요일 09:00 ~ 11:00.

- ATM(네드뱅크/압사뱅크/스탠다드뱅크/에프앤비) : 도시와 마을에서도 쉽게 ATM 기기를 찾을 수 있으나, 가능한 호텔, Mall 안을 이용할 것을 권한다. 낯선 사람은 항상 경계의 대상이다. 늘 조심해야 한다.

ATM 기기

- 신용카드(Credit Card) : 대부분의 주요 카드(Visa, MasterCard 및 American Express)가 인정되며, 또한 현금 인출이 가능하다. 주유소 같은 웬 만 한 곳은 다 신용 카드를 받는다.

- 관세(Customs Allowance) : 개인 소지품은 면세품으로 허용되며 남아공 방문자는 관세 환급도 가능하다.

- 복장(Dress) : 복장 규정은 상당히 캐주얼한 편이다. 좀더 격식을 차려야 하는 레스토랑과 호텔에서는 상의를 입지 않은 수영과 일광욕은 공식적으로 허용되지 않는다.

- 식수(Drinking) : 남아공인은 모든 수원을 보호해야 한다는 상식을 갖고 있다. 관광객들은 생수를 권한다.

- 주류(Alcohol) : 18세 이상만 구매할 수 있다. 공공의, 운전자의 법적 혈중/알코올 한도는 1,000ml당 0.24mg 또는 혈중알코올농도 기준치 0.05mg/100ml. 술을 마시고 운전하지 말아야 한다.

- 운전(Driving) : 남아공은 우리나라와는 반대로 운전석이 오른쪽에 있다. 또한 좌회전이든 우회전이든 언제나 신호를 받아야 한다. 남아공 사람들의 운전매너는 상당히 점잖은 편이고 준법 정신도 투철하다. 운전시 국제 운전 면허증은 꼭 소지 해야 한다.

- 고속도로 제한 속도 – 120km/h; 다른 곳 – 100km/h; 시내 지역 – 60km/h.

시골 마을의 노점상

운치가 있는 남아공 카페

- 전기(Electricity) : 전류는 초당 50사이클에서 200/230볼트이다. 3홀 면도기, 헤어드라이어에는 둥근 핀 어댑터가 꼭 필요하다. 전기를 선물로 구입해서 사용하는 시스템과 후불로 사용하는 시스템이 있다. 남아공의 전력부족 상황으로 로드세딩(순환단전)이 시행되고 있다. 주거지역의 로드세딩 앱을 다운 받아 둔다면 실생활에 많은 도움이 된다.

240V 콘센트 어댑터

- 낚시(Angling) : 인기 스포츠 중 하나이며 150여종의 민물고기와 2200여종의 해수어. 그리고 낚시 허가가 필요하다.

- 건강/의료 : 콜레라/천연두에 대한 예방접종은 필요하지 않지만 황열병 지역에서 온 여행자는 유효한 증명서를 소지해야 한다. 게임 파크(Game Park) 방문자는 말라리아 예방약을 반드시 복용해야 한다.

전기 선불 기기

- 코비드-19 : Covid-19와 관련된 여행 규정은 지속적으로 변경 및/또는 업데이트 되었다. 현재, 2023년 3월은 Covid-19는 마스크 미착용 및 해지되었

허마너스(Hermanus) 기념품 가게

다. 하지만, 늘 여행사에 문의하는 것이 좋다.

- 여권/비자 : 여권은 입국일로부터 6개월 이상 유효해야 하며 대한민국 국민이라면 여행기간이 30일은 무비자이다. 관광비자는 3개월까지 가능하고 1회도 더 연장도 가능하다. 자세한 내용은 www.southafrica-embassy.or.kr에 문의 또는 참고하면 된다.(서울 용산구 한남동 1-37, 주한 남아공 대사관, 02-792-4855)
- 비자 업무시간 : 월~금 08:16:30, 토요일 휴무, 한국 및 남아공 국경일 휴무
- 공휴일(Public Holidays) : (고정) 1월 1일, 3월 21일, 4월 27일, 5월 1일, 6월 16일, 8월 9일(여성의날), 12월 16, 25, 26. (가변) 성 금요일, 부활절 일요일, 넬슨만델라의 날(7월 18, 공식휴일은 아님)
- 쇼핑몰 : 울워스 마트(Woolworth) 08:00 ~ 19:00
  픽앤페이 마트(PnP) 08:00 ~ 21:00 / Checkers 08:00 ~ 19:00
  쇼프라이트 마트 (Shoprite) 07:00 ~ 19:00
  (매장마다 주말, 지역별로 약간 업무 시간 차이가 있음.)
- 금연 : 남아공은 흡연을 금지한 세계 최초의 국가 중 하나이다.
  공공장소는 흡연 금지. 식당, 술집, 쇼핑센터 및 사무실에서는 밀폐된 흡연실 또는 베란다, 발코니 이용.

- 대중교통(Public Transport) : 미니 택시, 대형 버스, 기차가 있으며 교통 수단과 관련 앱을 사용하여 이용할 수도 있다. 우버(Uber, 승객과 운송차량을 연결해 주는 모바일 서비스)도 잘 되어 있다.
- 팁(Tip) : 웨이터와 택기 기사의 팁은 10~15%를 예상하면 된다. 포토 (Porters)는 가방당 R10을 예상하면 된다
- 부가세(VAT) : 부가가치세는 대부분의 상품에 15% 부과. 방문자는 출국 전, 구매 물품 VAT 환급이 가능하다.
- 항공편 : 2023년 3월 현재까지 남아공 직항은 없다. 아랍에미레이트 항공, 에티오피아 항공, 싱가폴 항공, 케세이 퍼시픽 항공 이용가능하며, 두바이, 아디스아바바, 홍콩, 요하네스버그 등을 경유하게 된다. 스탑오브(Stop Over)는 바로 환승 하지 않고 체류할 수 있는 시스템으로 잘 활용하면 또 다른 도시 방문도 가능하다. (남아공 방문시 주의 : 간혹 수화물 내에 물건이 분실되는 경우도 있으니, 잠금 장치 필히 요함)
- 시차(Time gap) : 한국과 시차는 7시간이며 남아공 시간이 한국보다 늦다. 즉, 한국이 오전 9:00 이면 남아공은 오전 2:00이다.
- 환전소 : AMERICAN EXPRESS / BID Vest Bank / 공항에도 많음.

환전소

- 인터넷(Internet) : 남아공에서도 웬만한 호텔, 게스트하우스, BnB에는 5G 와이파이가 다 된다. 그 외에는 데이터 용량에 따라 공항 또는 일반 가게, 통신사에서도 구입이 가능하며 주유소에서도 구입이 가능하니 참고 바란다.

- 픽앤페이(PnP) 대형마트 : 상,중가의 상품으로 중상층의 고객이 많이 이용하는 대형 유통 마트이다. 도시 전역에서 제일 흔하게 볼 수 있는 대형 마트이다. 우리 나라와 다르게 마트에서는 간단한 은행업무도 보고 각종 공과금 세금 납부도 가능하다. 또한 전기 구입 및 심지어 주변의 가까운 아프리카 나라에 송금도 가능하다. 소액 정도는 계산대에서도 인출도 가능하다. 몇 년 전부터는 대형 유통 마트 안에서도 자체 레스토랑이 운영이 되고 있어서 식사, 음료, 커피도 즐길 수 있게 운영이 되고 있다. 하지만 지역마다, 매장마다 다를수있다.

- Pnp 대형 유통 마트 안에는 Money 인터넷 데이터 구입이 가능하다. 남아공의 모든 국민이 다 이용하는 퍼블릭 대형마트이다.

• 울워스(Woolworth)는 고급형 대형 유통 마트이며 상품이 좋고 품질도 우수한 만큼 가격도 비싼 편이다. 거의 부유층들이 많이 이용하고 울워스 마트 안에는 레스토랑이 있는 곳이 많이 있다.

• 체크스(Chekers) 대형 유통 마트는 중·상층이 주로 많이 이용하며 상품도 우수하다.

- 그 외에 쇼프라이트(Shoprite) 대형 유통 마트는 아프리카 최대 유통 마트이기도 하다. 중·저가의 상품을 주로 취급하고 가격도 상당히 저렴한 편이다. 거의 많은 흑인들이 이용하는 대형 유통 마트이다.

- 보다콤(Vodacom)은 통신사이다. 인터넷 데이터/에어타임 구입이 가능한 곳이다. 이 외에도 MTN / CELL C / 8 TA 통신회사가 있다.

■ 남아공 주민의 평화로운 일상

주말에 휴식을 즐기는 남아공 사람들

스텔렌보쉬의 고급 레스토랑

운치가 있는 남아공의 작은 가게 모습

■ 교통 수단

● 대형 버스(Golden Arrow Bus)

● 미니 택시

● .가우텡(조벅) 메트로 전철 카드 앞면과 뒤면

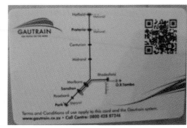

● 기차 Metro train

- 시티버스(가우텡 전철역 정거장) : 철저한 보안시스템으로 쾌적하고 안전하다.

- 레드 관광 2층버스

■ 무지개 나라인 만큼 음식 문화도 다양하다.

• 말레이식, 아프리카식, 인도식, 아시아식, 피자, 브러워즈, 보보티, 해산물요리, 스테이크요리, 이외에도 너무 다양한 요리 음식이 있는데, 요즘은 한류영향이 있어서 한국식(K-food)도 꽤 유명세를 타고 있다.

• 브라이(Braai) : 집집마다 해 먹는 빠질 수 없는 남아공 요리이다. 여기에는 각종 재료가 들어 가는데 돼지고기, 소고기, 양고기, 브러워즈, 각종 소세지, 마늘 빵, 옥수수 등 야채, 해산물도 직화 구이로 많이 먹는다.

• 남아공이라면 빠질 수 없는 빌통 (한국의 육포와 비슷함)

• 남아공의 대표적인 프랜차이즈 식당

난도스(치킨전문식당)　　　　오션바스켓(해산물전문식당)　　　스퍼(스테이크,치킨 외 다양한 음식점)

• 커피숍

■ 더 가볼 만한 도시와 명소

- 크루거내셔날 파크 (요하네스버그, The Kruger National Park)
- 선시티 (요하네스버그, The Sun City)
- 소웨토 투어 (요하네스버그에 있는 흑인 집단거주지역)
- 포트엘리자베스 (Port Elizabeth, 가든루트와 가까이 있는 평화롭고 조용한 도시)
- 프레토리아 (남아공 행정수도, Pretoria)
- 더반 (남아공 최대 항만도시, Durban)
- 레소토 (Lesotho , 남아공 안에 있는 평화롭고 그들만의 특색이 있는 작은 나라)
- 스와질랜드 (Swaziland,남아공에 둘러싸여져 있고 그들만의 긍지, 자부심이 강한 작은 나라)
- 넬스프리트 (Nelspruit)
- 포체스트룸 (Potchefstroom)
- 드라켄즈버그 산맥 (Drakensberg) : 아프리칸스어로 "용의산"이라는 의미이다. 등반이나 산악 자전거 투어로는 최상인 곳이지만 길이가 1,125km 된다. 너무나도 아름다운 자연 경관을 갖고 있는 유명한 장소이다

■ 골프(Golf)

골프는 남아공에서도 매우 인기가 있는 스포츠이다. 대략 약 450개의 골프장이 남아공에 있을 정도로 골프 만큼은 전 세계에서 부유한 나라 중에 하나 일 것이다. 우리가 잘 아는 게리 플레이어(Gary Player), 어니 엘스(Ernie Els), 그리고 레티프 구센(Retief Goosen)과 같은 유명한 골퍼들이 여기 남아공 출신이다. 천혜의 아름다운 날씨와 환경, 풍경 속에서 골퍼들에게는 더 할 나위 없이 즐거움을 선사한다. 골프 장비 일체 대여도 가능하다. 유명한 골프장은 다음과 같다.

- Pinnacle Point Estate in Mossel Bay
- Simola Golf & Country Club in Knysna
- Francourt-Golf Estate, in Georagy
- Pearl Valley Golf Estate in Paarl
- Steenberg Golf Club in Constantia Valley
- DeZalze Golf Club in Stellenbosch
- Erinvale Golf Club in Somerset., West Cape.

■ 주요 기관 홈페이지

■ 보험회사 (Insurance Company)
- Outsurance Insurance (http://www.outsurance.co.za)
- Auto & General Insurance (http://www.autogen.co.za)
- Santam Insurance (http://www.santam.co.za)
- Discovery Insurance and medical (http://www.discovery.co.za)

■ 은행
- 압사 뱅크 http://www.absa.co.za
- 에프앤비 뱅크 http://www.fnb.co.za
- 스탠다드 뱅크 http://www.standardbank.co.za
- 네드뱅크 http://www.nedbank.co.za

■ 관광기관
- 남아공 관광청 www.southafrica.net
- 케이프타운 http://www.capetown.travel (Cape Town Tourism)

- 요하네스버그 www.gauteng.net
- 더반, 콰줄루, 나탈 관광청 www.tourism.gov.za

■ 쇼핑몰

- 케이프타운 : 센추리 시티 또는 캐널워크 쇼핑몰 (Centrury City or Canal Walk), 워터프런트 빅토리아 & 알프레드 쇼핑 몰
- 요하네스버그 : 로즈뱅크 쇼핑 몰 (Rosebank Shopping Mall)과 샌톤시티 쇼핑몰 (Sandton City Shopping Mall)
- 더반 : 파빌리언 쇼핑 센터 (Pavilion Shopping Centre)
- 대형 쇼핑 센터 안에는 유명하고 아름다운 레스토랑, 카페가 많이 있다. 가격, 분위기, 맛에 따라 다양하게 취향대로 즐길 수 있는 고급 레스토랑도 많이 있고 안전하며 쾌적한 레저, 쇼핑, 여가 문화 생활을 한 곳에서 즐길 수 있도록 잘 되어 있다.

■ 박물관 / 영화관 / 도서관 / 서점 / 스포츠 센타

■ 박물관
- 남아프리카 문화 박물관 (SA Cultural Museum)
- 남아프리카 국립 미술관 (SA National Gallery)
- 캐슬 오브 굿 호프 (Castle of Good Hope)
- 요하네스버그, 국립 군대사 박물관 (SA National Museum of Military History)
- 더반, 향토 역사 박물관 (Local History Museum)

■ 영화관 / 도서관 / 서점
- 웬만한 대형 쇼핑몰 안에는 하나 이상의 영화관이 있다.

- Ster- Kinekor Movie Theatre
- NuMetro Movie Theater
- 도서관은 나라에서 운영하며 모든 지자체 내에 공공 도서관이 꼭 있다. 누구나가 회원 카드를 만들면 이용할 수 있고 대여도 가능하다.
- 서점은 대표적으로 Exclusive Books / CNA 가 있다.

■ 스포츠 센타 :

- Virgin Active (www.vierginactive.co.za)
- Planet Fitness (www.planetfitness.co.za)

■ 예방 접종

- 황열병 예방접종 증명서는 감염 여행지를 제외하고는 필요하지 않다. 하지만 황열병 지역을 여행을 했다면 예방접종 증명서를 지참해야 한다. 말라리아 예방접종은 남아공 대부분 지역은 안전하지만, 일부지역, 림포포, 콰줄루 나탈 등을 방문할 경우는 전문의의 상담 또는 정보 받을 것을 권한다.

■ 렌터카 이용

- 아비스 렌터카 (Avis Rent a Car, www.avis.co.za)
- 버젯 렌터카 (Budget Rent a Car , www.budget.co..za)
- 유로카 렌터카 (Europcar Rent a Car, www.europcar.co.za)

3

무지개의 나라
남아프리카공화국

시골풍경

광활한 대자연이 살아 숨쉬는 곳,
대 자연의 서사시, 남아프리카 공화국,
적도 위, 아래로 두 땅 – 남반구, 북반구에 걸쳐 있는 거대한 대륙,
아프리카라고 다 같은 아프리카가 아닌,
최남단의 다채로움을 품고 있는 무지개의 나라,
남아프리카 공화국은 더 특별하다

누드훅(Noorthhoek)

왜, 남아프리카공화국이 '무지개의 나라'인가?

한국에 살 때는 '아프리카'라 하면, 단지 긴 창과 방패를 들고 마치 금방이라도 사냥할 듯한 자세에 천 조각을 걸쳐 입은 흑인들이 연상되던 곳이었다. 두번 생각할 것도 없이 언제나 낯설지 않은 그 이름 부시맨 정도가 떠오르던 곳으로 기억난다.

시대 흐름에는 예외가 없어 이 아프리카에도 높고 높은 빌딩 숲이 들어서고 현대적인 남아프리카공화국을 보게 된다. 여기 케이프 타운은 '작은 유럽'이라고 칭할 만큼 세련되고 아름답기로 유명하다.

문 밖에만 나가면 빅 파이브(Big 5)라고 하는 동물, 즉 사자, 코끼리, 코뿔소, 물소 그리고 표범들이 활개칠 것이라는 상상은 먼 옛날 이야기이다. 그런 동물들도 국립공원, 사파리 공원에 가야만 가까이 볼 수 있다. 쉽게 말하면 한국에서 기와집을 보기 위해 특정한 지역, 예를들면 민속촌 같은 곳에 가야만 볼 수 있듯이 말이다.

영국을 '신사의 나라', 우리 나라를 '동방예의지국' 또는 '고요한 아

핫베이(Hout Bay)에서 판매용으로 전시되어 있는 상품들

침의 나라'라고 표현하기도 하듯이 남아프리카공화국은 '무지개의 나라'라고 한다.

역사의 굴곡이 많은 것 만큼, 옛 과오로 말미암아 깊게 파인 남아공의 나이테를 하나 하나 파헤쳐 알아 가노라면, 어느새 역사 속에 흥분되어 서 있는 나를 발견하게 된다. 또한 이 역사를 이해를 하는데 시간을 투자해도 충분한 가치가 있다는 것을 거듭 깨닫게 되곤 한다.

유럽인들은 언제 아프리카를 발견하고 첫 발을 디뎠을까?

포르투갈인이 1488년에 첫 발을 디디게 되었고 네덜란드인이 1652년에 보급기지를 건설하려는 목적으로 정착을 시작했다.

이후 유럽인들이 대거 이주, 정착해 오늘날 많은 유럽인들이 뿌리를 내리게 된 계기가 되었다. 그리고 17~18세기에 본격적인 영국인의 1,2차 점령하에, 흑인과 백인 사이의 수 많은 마찰과 전쟁으로 점철된 영국의 식민지 역사가 시작되었다.

'무지개'라는 의미 안에는 이러한 역사 속에서 다양한 문화와 다양한 인종, 다양한 언어가 함께 어우러져 이 나라의 것이 돼버렸기에 붙여진 이름이다. 이 '무지개'라는 말은 역사적 사건인 아파르트헤이트(인

노점상의 공예품들

종차별정책) 철폐 이후 넬슨 만델라 대통령과 노벨 평화상을 수상한 남아공 영국 성공회 대주교인 데스먼드 투투 대주교가 함께 처음으로 사용한 말이라고 한다.

워낙 다양한 인종이 어울려 살다 보니, 각각의 인종들이 지니고 있던 방식과 다양한 문화를 가지고 살아 갈 수 밖에 없었기에 그 뿌리가 대대손손 내려 와서 만들어진 각각의 색색오오의 문화를 가지고 있는 것 같다. 그렇다 보니 인종들은 또 얼마나 다양한지, 말 그대로 무지개 인종이라고 칭하기에 부족함이 없을 듯하다. 얼마나 다양한 문화, 다양한 언어, 다양한 민족이 이루어져 있는지 그 수를 셀 수가 없을 정도라고 한다.

우리가 아는 부시맨 즉, 남아프리카 원주민인 코이산(Khoisan)족은 더 이상 아프리카에 남아 있지 않다. 원주민 코이산은 코이족과 산족을 아울러 일컫는 말인데, 대부분 마지막에 수용소에서 중노동에 시달리다가 죽어갔다고 한다.

그러나 아직도 남아공 인구의 70% 이상은 흑인이 차지하고 있고, 그 다음에 백인 그리고 백인과 흑인 사이에 태어난 컬러드들이 있으며, 또

흑인 유치원생들

18세기 금광과 다이아몬드 채굴 산업 번창시기에 노동자로 유입되어 들어 온 인도인들과 중국인들이 있다. 아시아계 노동자들은 대부분 철수되었다고 하지만, 그들 자신이 원해서 정착하고 있는 2, 3세의 아시아인들이 남아 있다.

백인들 가운데에서도 포르투갈계 백인, 네덜란드계 백인, 영국계 백인, 프랑스계 백인 등등으로 나뉘어져 너무나도 다양하다.

흑인 가운데에서도 코사족과 줄루족, 은데벨레 부족, 이 밖에도 소토, 샹간, 벤다족 등이 있다. 넬슨 만델라, 타보 움베키가 코사족에 속하고 전직 대통령인 제이콥 주마가 줄루족에 속한다.

또한, 남아공에는 공식 언어만 11개가 있다. 그래서 선택에 따라 정부 공식 문서를 11개 언어 중 어떤 것으로든 작성을 할 수 있지만, 실제로는 영어와 그 밖의 서너 가지 언어가 주로 쓰인다.

즐겨 찾는 야외 공연장

남아프리카식 영어는 영어에서 어휘와 발음이 다소 변하였고, 숙어 면에서 지역적 특색이 가미되었으나 문법체계는 전통 영국 영어와 같다. 그리고 보어인들이 주로 사용하는 아프리칸스어[1]가 있다.

전통 아프리카어에는 크게 4개 언어로 나뉘어지는데 응구니어(북 은

---

1) (편집자 주) 아프리칸스(Afrikaans)어는 남아프리카 공화국과 나미비아에서 주로 쓰이는 서게르만계 언어이다. 16세기~17세기에 네덜란드 출신 이주자들이 써오던 네덜란드어가 본국과 교류가 단절이 되면서 많은 변화를 거쳐 성립된 언어이다. 즉, 이주자들을 따라 유입된 포르투갈어, 영어, 프랑스어, 말레이어 등의 언어와 아프리카 토착언어인 반 투어가 혼합되어 형성된 언어이다. 19세기까지는 네덜란드 방언으로 간주되었으나 19세기말부터 네덜란드어와 별개로 독립된 언어가 되었고 1925년에는 영어와 함께 남아프리카 연방의 공식 언어로 지정되어 오늘날까지 이어져 오고 있다.

무지개처럼 색색으로 꾸며놓은 보캅(BO-KAAP) 마을

데벨레어, 남 은데벨레어, 스와지어, 코사어, 줄루어), 소토어(북 소토어, 남 소
토어, 츠와나어), 총가어, 벤다어 등이다.

　하류층에 속하는 흑인 파출부까지도 기본 언어 2개를 구사하는 것
은 보통이고 아프리칸스어만을 고집하는 보어인 외에는 기본 언어 2개

이상씩을 구사 한다고 해도 과언이 아니다. 물론, 100% 모두 그렇다는 이야기는 아니다.

남아공 문맹률 역시 심각한 수준이 아니라고 할 수는 없다. 아파르트헤이트의 수혜자인 백인은 당연히 문맹자가 없지만, 흑인 성인 인구의 12~15%가 까막눈으로 추산된다. 10년 전만 해도 50% 이상이었다.

재미 있는 것은 이 남아공의 애국가 역시 4개의 언어로 구성되어 있다는 점이다. 전통적인 민중 해방 찬가인 이 노래의 제목 '은코시 시켈레 이 아프리카'는 '신이여, 아프리카를 축복하소서'라는 뜻인데, 아파르트헤이트 시절에 아프리카 민족회의(ANC)의 국가로 알려졌다. 평화와 축복의 메시지를 담고 있는 아름다운 성가이다. 이 애국가의 가사는 4개의 공식 언어, 즉 영어, 아프리칸스어, 코사어, 소토어로 구성되어 있다. 단일 민족, 문화, 언어를 유지하고 있는 우리나라와는 참 많이 대조적인 현상이며 참으로 흥미로운 점이다.

여기서의 생활이 연도를 거듭할수록 무지개 나라의 문화, 특성, 다양한 사람들과 만나게 되었는데, 나에게는 참으로 흥미로웠으며, 신비로움 마저 느끼게 된다.

그야말로 남아프리카공화국은 전 세계를 다녀야만 만날 수 있는 다양한 생활과 문화를 한 곳에서 느낄 수 있으며, 각자의 언어를 구사하는 모든 인종이 거주하는 세계의 축소판이라고 할 수가 있다. 그러다 보니 몇가지 언어의 구사는 자연스럽게 이루어지기도 한다.

이것으로 '무지개 나라'의 의문이 약간은 해갈되었기를 바란다.

4

자, 마더시티,
케이프타운을 가보자 ~

테이블 마운틴 정상에서 바라본 케이프타운 시경

아프리카 최고 중의 최고 아름다움이 총 집결이 되어져 있다고 해도 과언이 아닌 이 곳, 케이프타운은 말 그대로 볼거리, 먹을 거리, 즐길 거리가 풍부한 유럽풍 아프리카 도시이다. 자연과 도시적이면서 역사도 함께 품고 있는 엄마의 도시, 케이프타운으로 여행을 떠나 보자.

우리는 먼저, 케이프타운이 "마더시티(The Mother City)"라는 호칭이 왜 붙여졌는지 알아 보자. 결론은 장구한 역사 속에서, 케이프타운

테이블 마운틴 정상에서 바라본 운무가 자욱한 라이온 헤드 모습

은 남아공의 시초가 되었다고 한다. 또한 "마더시티"라는 닉네임은 케이프타운의 또 다른 상징의 표현이자 애칭의 표현이다. 엄마의 도시, 케이프타운이라면 떠오르는 것이 대표적인 식탁 형상을 한 테이블 마운틴일 것이다.

케이프타운의 중심부에 병풍(屛風)처럼 우뚝 서 있는 남쪽의 테이블 마운틴. 동쪽의 데빌스 피크(Devil's Peak), 서쪽의 라이온 헤드(Lions Head), 바다쪽으로 연결된 시그널 힐(Signal Hill)로 둘러 싸였으며 북쪽은 워터프런트(Waterfront), 그리고 테이블 베이(Table Bay) - 이렇게 구성이 되어 있는데. 마치 어머니가 케이프타운 시내를 안고 있는 듯한 모습으로 보여지기까지 한다.

케이프타운은 지중해성 기후가 펼쳐지는 아프리카의 유럽, 항구 도시로서 세계적인 휴양지이자, 남아프리카 공화국을 대표하는 최고의 아름다움과 매력의 도시로 압축(壓縮)할 수 있다.

테이블마운틴 케이블카

    테이블 마운틴 정상으로 오르는 방법도 여러 가지이다. 도보, 케이블카 그리고 암벽 등반이 있다. 보통, 관광객은 케이블카를 이용하게 된다. 케이블카가 멀리서는 작아 보이기는 하나, 정원이 55명으로 많은 사람이 수용된다. 또한, 360도를 회전하며 케이프타운 전경(全景)을

라이온 헤드(Lion's Head)

테이블 마운틴 정상에서

볼 수 있으니, 이 얼마나 짜릿하면서 또한 기대가 되는가?!!

해발고도가 1,085m인 테이블 마운틴은 날씨에 따라서 개장을 하는데 정상에 올라가면 같은 날씨라도 체감 온도와 공기가 다르다는 것을 느낀다. 서쪽으로는 대서양이 광활하게 끝없이 펼쳐진 모습을 볼 수 있으며, 정상의 평평한

테이블 마운틴 정상에서 사진 촬영

지대 양쪽으로는 가파른 절벽이 기다리고 있다. 3Km 정도 펼쳐 있는 고원 동쪽에는 데빌스 피크(Devil's Peak: 악마의 봉우리)가, 왼쪽으로는 라이온헤드(Lion Head: 사자 머리)가 있다. 희귀한 동·식물 등이 서식하고 있고 주변에는 레스토랑과 기념품 샵 그리고 커피숍까지 있다. 종일 시간을 보내도 아깝지가 않다. 여건이 허락한다면 하산 할 때 도보로 내려 오는 것도 흥미로움을 더 해 준다. 언제 또 와서 이 세계적인 얼굴, 월드 베스트 북에 실린, 기이한 식탁모양, 테이블 마운틴을 또 한번 밟아 볼 수 있으랴?!

시그널 힐(Signal Hill) 에서의 야경

테이블 마운틴에 점을 찍고 다음 코스로 시그널 힐(Signal Hill)을 꼭 한번 둘러 보아도 좋겠다.

야경은 말 할 필요도 없지만, 낮에는 케이프타운 시경이 한 눈에 들어와 케이프 타운을 마치 혼자 다 가진 듯, 조용히 볼 수 있는 곳까지 마련이 되어 있다. 그래서인지, 전 세계를 여행 다니는 매니아들 조차도 연발 찬사를 아끼지 않는다.

테이블 마운틴 산 등선 따라 쭉 내려오면, 해변가 들이 줄줄이 아름답게 펼쳐져 있는데 위에서 보던 명 장관들이 또 다른 즐거움으로 기다리고 있다. 이제는 피부로, 손으로 직접 체감할 시간!!

캠스 베이(Camps Bay)로 가기전, 파스

보캅 마을(Bo-kaap)

텔톤의 알록달록 다양한 색상의 보캅(Bo-Kaap) 마을을 놓칠 순 없다. 보캅 마을은 1948년에 과거 케이프식민지 시대에 끌려 왔던 노예들이 1994년 만델라 대통령이 취임하면서 아파르트헤이트(인종차별정책)가 폐지가 되었고 부동산을 구입할 수 없었던 노예들이 부동산 구입이 허용이 되었다. 모든 집들은 인종차별정책 폐지를 기념하여 그들의 유색인종 다양성과 자유의 표현으로 알록달록한 페인트로 칠하게 되었다. 오늘날 케이프타운의 아름다운 컬러풀한 역사를 상징하는 이 곳은 유명한 포토 스팟의 한 관광지가 되었다.

다음으로 천혜의 맑고 깨끗한 해변의 아름다움이 있는 캠스 베이(Camps bay)는 부자들이 많이 산다고들 한다. 테이블 마운틴 12사도를 멀리서 조용히 볼 수 있는 곳이기도 하다. 씨 포인트(Sea Point)는 낭만과 눈의 즐거움을 음미하며 차와 식사를 할 수 있는 곳이기도 하다. 우아하게 저녁 노을을 해변 바로 앞에서 와인과 식사를 즐길 수 있는 카페가 즐비하다. 테이블 마운틴 밑으로, 캠스 베이(Camps Bay), 씨 포인트(Sea Point), 그린 포인트(Green point) 이렇게 이어져 있다.

그린 포인트는 대표적으로 우리가 잘 아는 2010 FIFA WORLDCUP

캠스베이(Camps Bay)

캠스베이(Camps Bay)

축구 경기 대회가 있었던 곳으로 아프리카 최초로 FIFA 월드컵이 개최된 케이프타운 그린포인트 스타디움이다. 이 곳은 96,000명을 수용할 수 있고 지붕무게가 4,700톤, 500개의 화장실이 있는 그 당시에 엄청난 큰 규모 스타디움이 자랑스럽게 케이프타운에서 한 자리를 매김하고 있다. 또한 그린포인터 이 지역에는 각종 놀이터 시설, 미니 콘서트

그린포인트 스타디움(Green point Studium)

워터프런트(waterfront)

도 가끔 열리기도 하며 자전거를 대여할 수도 있고 많은 카페들도 즐비하게 늘어서 있다.

호텔 역시 주변에 많이 있으니 참고하기 바란다. 바닷가와 맞닿아 있어서 좋은 뷰 때문에 호텔도 줄지어 많이 있다. 평화롭게 아름다운 곳을 감상하며 즐기는 관광객들로 항상 만원이다. 해변가들은 마치, 저마다 자기 자랑하듯 아름다움과 시원함을 선사한다. 갈 길이 바쁘다. Sea point에서 약 10분 거리에 있는 아프리카의 작은 유럽이라고 불리는 워터프런트(Waterfront)를 방문할 수가 있는데 빠질 수 없는 유명 관광코스다.

1989년도 빅토리아와 알프레드 프로젝트 제안서를 보면은, 빅토리아 & 알프레드 워터프런트(V & A waterfront)는 "우리는 심장에 활력을 불어 넣을 독특한 기발한 기획으로, 케이프타운 방문객들에게 즐거움과 경제적인 이익을 돌려 주자"는 계획으로 케이프타운의 첫 번째 관광

워터 프런트에서 악기 공연을 하고 있는 모습

지를 만들었다고 한다. 작금의 시대, 워터프론트(Waterfront)는 유럽의 아름다운 정취(情趣)가 물씬 풍기는 케이프타운은 물론, 세계의 대표적인 성공적인 대형몰이다. 세련된 풍미가 일품인 워터프런트는 유럽인들 조차도 감탄사를 자아 내게 하는 아프리카 속에서 자기 고향, 유럽에 온 듯 착각을 줄 것이다.

워터프런트 내에 있는 빨간 시계탑 과 스윙 브릿지

　워터프런트의 대표적인 아이콘은, 아마도 빨강색의 고딕 스타일의 오래된 시계탑(The Clock Tower)일 것이다. 지금은 오래된 부두가 되었지만, 아직도 그 유명세는 여전하다. 시계탑 안에 선장실은 1882년에 완공이 되었고 2층에는 장식적인 거울 방이 있는데, 이것은 항구의 모든 활동에 대한 전망, 맨 아래 층에는 조석 게이지 매커니즘이 있다. 밀물의 수위를 확인 하는데 사용된다. 1997년 말경에 시계탑의 복원이 완료되었다고 한다.

　스윙 브릿지(Swing Bridge)는 클릭 타워 앞에 있는데 사람들이 건널 수 있도록 만들어져 있으며 배가 지나갈 때마다 일시적으로 열고 닫히는 구조이다. 역사적인 곳에 현대적인 시스템이 접목이 되어 있으며 스윙 브릿지가 열리고 닫히는 것을 바라보는 재미 역시 흥미롭다.

　부두 끝부분에는 죄수들을 로빈 아일랜드(Robben Isaland)로 보내기 위한 승선 건물이 있다. 17세기부터 20세기 로빈 섬은 그 곳에서 추방, 격리 및 투옥이 되었던 곳으로 오늘날, 로빈 아일랜드는 세계문화유산이자 박물관이다. 넬슨 만델라 게이트 웨이(Gate Way)로도 알

로빈 아일랜드 승선 건물 내부

려져 있다. 새로 민주화된 남아프리카 공화국에 자유를 위해 지불한 대가이고 그에 대한 가슴 아픈 상징이라고 할 수 있겠다. 로빈 아일랜드는 민주화를 위해, 저항하고 투쟁했던 그분들의 정신과 혼이 살아 깃든 섬이라고 하는 것이 맞을 것 같다. 대표적으로 우리가 잘 아는 만델라(Mandela)가 27년간 복역 생활 중 18년을 로빈 섬에 있었던 곳이다. 지금은 박물관으로 사용을 하고 있고 그 시대의 암울했던 역사의 산 현장으로 보관이 되어 있는데, 참 흥미로운 것은 섬 투어 가이드 중에는 그 당시 로빈 아일랜드에 수감되었던 사람들이 안내한다는 것이다. 시간의 여유가 된다면 그 민주주의를 향한 투혼의 정기를 기리고 오는 것도 워터프런트 여행의 의미 있는 마지막 꼭지점이 될 것이다.

워터프런트 초입에 들어서면, 투 오션 아쿠아리움(Two Oceans Aquarium)을 볼 수 있는데 가족이 함께 구경하기에 더없이 좋은 곳이니, 이 또한 잊지 말기를 바란다.

바로 옆으로 100미터 안으로 더 들어오면, 남아공의 역사적인 영웅인 4명의 노벨 평화 수상자 동상들이 있다. 넬슨만델라(Nelson Mendela), 데스몬드 투투(Desmond Tutu), 알버트 루툴리(Albert Lutuli), 프레드릭 클렉(F. W. de Klerk)의 동상이다. 꼭 사진을 한번

4명의 노벨 평화상 수상자들의 동상 - 워터프런트에서

찍고 가기를 권한다. 바로 그 옆에는 식사를 할 수 있는 푸드 마켓이 있
는데, 여러 나라의 다양한 음식들, 구경거리, 기념품 샵들도 많이 있어
서 아프리카에 왔음을 기념할 만한 상품들도 많이 있으니 놓치지 말기
를 바란다.

　워터프런트에서는 즐길 거리와 먹을 거리가 흥미롭고 신기한 구경거
리로 하루 내내 있어도 지겨울 틈이 없을 것이다. 워터프런트 보트 컴퍼
니(Waterfront Boat Company)로 워터프런트에서 테이블 베이, 테이
블 마운티를 조망하면서 와인을 마시며 해변 일대를 보트로 감상 할 수
가 있는 우아한 여행을 만끽해 보는 것도 좋을 것 같다. 필히 예약을 해
야 한다. 특별한 체험 및 좀 더 독특한 선셋을 즐기고 싶다면, 어드벤처
(Adventurer) 크루즈를 타보는 것도 좋은 경험 일 것이다.

자, 상상해 보라!!

저녁 노을, 워터프런트 야경(夜景)을 조용히 유럽의 정취에 빠져서, 아름다운 항구 돛단배 속에서의 차 한잔, 그리고 순회하는 크루즈를 타면서 식사와 와인...,

더 없는 최상의 최고의 일품 관광이 아닐까?!

라이온 헤드 정상에서

라이온 헤드 정상에서 바라본 해변

케이프타운의 페닌슐라(Peninsula)
여행을 떠나 보자~~

핫베이 물개섬의 물개들

다음은 아프리카 대륙의 끝, 남반구에 있는 희망봉(Good Hope of Cape)과 케이프 포인트(Cape point)에 희망을 품으러 가보자.

이 코스는 이름하여 Peninsula course, 즉 반도 코스라고 한다. 이 여행은 계절마다 다소 차이가 있겠지만 추위용 바람막이 쟈켓 정도 하나를 가지고 간다면 갑작스런 추위, 비, 바람, 날씨에 많은 도움이 될 것이다.

핫베이(HOUT BAY)에서 승선하기 전, 물개와 함께

첫 코스라면 핫베이(Hout Bay)에 있는 물개섬(Seal Island)이다. 참고로 숙박을 어느 지역에서 하느냐에 따라 출발하는 경로도 약간 차이가 있다.

핫베이로 가는 M64도로는 산 길을 오르다가 다시 내려가는 묘미, 울창한 숲 속을 지나 굽이굽이 숲을 헤치며 가는 재미가 있어 드라이브 코스로써도 일품이다. 핫베이에 도착해서 승선시간을 기다리는 것 역시 지겹지가 않다. 무지개의 나라 답게 컬러풀한 기념품들이 시선을 끌며 흥미로운 볼거리를 준다. 그리고 배를 탈 때마다 느끼는 것이지만, 한결 같이 매출보다 안전을 최 우선시 하는 모습을 보면 우리나라와 사뭇 비교되는 부분이 아닐 수 없다. 관광 시간은 약 45분.

핫베이는 1937년도에 최초의 방파제가 건설되면서 항구 개발이 시작되었던 곳으로 어선에 대한 보호가 없다는 것을 의미한다. 1985년도에 남아공 최초의 생선 전문점인 매리너스 워프가 대중에게 공개되었다. 지금은 수천 마리의 물개가 있는 물개섬을 가기 위해 많은 관광객들이 찾아 오는 곳이 되었다.

핫베이 물개섬을 보았다면 단연코 세계 3대 드라이브 코스로 꼽힌다는 채프만스 픽 드라이브(Champman's Peak Drive)를 지나가지 않을 수 없다. 이 채프만스 픽 드라이브 코스가 완공이 되기까지 수 많은 노동자, 흑인들의 노고와 목숨이 희생되었다고 한다. 산중턱을 디근자로 파내고 자동차가 9Km를 다닐 수 있도록 만들었으니, 가히 짐작이 간다. 1915년에 영국 선박의 선장인 존 챔프만의 이름을 따서 지어졌다고 한다. 그 당시, 초대 행정관의 아이디어로, 이 도로 공사를 시작하게 되었으며 산의 화강암 기단과 그 위에 있는 사암으로 구성이 되었고 산쪽으로 9Km 노선, 114개의 곡선으로, 593m 높이의 채프만 봉우리의 바위투성이 해안선을 따라 뻗어 있다. 이 드라이브는 180도의 놀라운 뷰를 제공해 주는 그 당시 도로 건설의 최고 걸작품 이 아닐 수 없다. 그러한 희생이 헛되지 않았음을 증명하듯, 드라이브하는 내내 잠시도 눈을 뗄 수 없을 정도의 감동, 아름다움에 찬사(讚辭)가 절로 나온다. 이 아름다움은 말로 형언할 수 없을 정도이니, 꼭 케이프타운에 오게 된다면 이 코스를 체험할 것을 권한다. 하지만, 비 바람이 심하게 부는 날은, 통행이 불가할 때도 많음을 기억해야 한다.

누드훅(Noordhoek)

다음 목적지인 희망봉으로 가는 산길을 오르다 보면 저 멀리 빨려들 것만 같은 푸른 옥빛 바다가 유혹을 하는 해안가가 군데 군데 펼쳐진다. 대서양을 끼고 해안선을 따라 구비구비 넘을 때마다 감동과 찬사가 터지고 서정적인 기차 소리도 함께 어울려져 더욱 아름다움을 물씬 풍긴다.

그렇게 누드훅(Noordhoek)을 지나서, 해안선을 따라 약 40

누드훅(Noordhoek)

~50km를 달리다 보면 '희망의 곳'(Good hope)을 만나게 된다. 참 ! 여기 누드훅도 조용히 구경해 볼 만한 곳이므로, 시간이 된다면 조용한 카페에서 차 한잔을 마시고 쉬었다가 가 볼만한 서정적인 곳이다.

드디어, 국립공원(National Park) 게이트를 통과하고 케이프 포인트(Cape Point), 희망봉(Good Hope) 안내판이 나온다. 나는 늘, 등대가 서 있는 제일 높은 곳인 케이프 포인트(Cape point)를 먼저 가게된다. 백두산도 식후경이라 추출할 때가 되어 최 남단, 케이프 포인트에서의 잊을 수 없는 바닷가재 식사로 추억을 매김하기 위해서다. 이제 든든한 포만감으로 최 남단의 케이블카를 타 볼 수 있겠다.

케이블카도 시간이 정해져 있으니, 기억해야 한다. 그 위에는 뭐가 있을까, 뭐가 보일까, 설레임으로 정상에 올라 본다. 희망봉이 한눈에 내려다 보일 것이다. 케이프 포인트는 높은 곳에 위치한 또 하나의 곳으

최남단, 케이프 포인트에서 내려다 본 대서양과 인도양이 만나는 지점

로 1857년 해발 238m에 세워진 등대(Old Light House Look-out Point)를 볼 수 있지만, 높은 위치 때문에 구름과 안개가 등대를 종종 가려서 87m의 현재 위치로 옮겨진 것이다. 여기에 올라서게 되면 비로서 대륙 땅끝에 와 있다는 실감이 들 것이다. 케이프 포인트에 있는 새로운 등대는 남아공 해안에서 가장 강력하게 밝다. 범위는 64km이며, 3개의 플래시로 이루어진 1천만 개의 그룹을 비추고 각각 30초마다 불을 깜박 깜박인다. 이정표에 나온 좌표는 동경 18도 29분 51초, 남위 34도 21분 24초.

케이프 포인트(Cape Point)에서 나와 사인보드가 오른쪽으로 향하는 희망봉을 볼 수 있는데 가끔은 놓치는 경우가 있으니 안내판을 잘 눈 여겨 보아야 한다. 반도 최 남단인 " Cape of Good Hope(희망봉)"을 놓칠 순 없지 않은가!!

케이프 포인트(Cape Point) 전망대

희망봉(Cape of Good Hope)

희망봉 진입 입구에는 원숭이 (Baboon) 떼들이 한번씩 출현하는 것을 볼 수가 있는데 원숭이가 있을 때에는 자동차 문을 꼭 닫아야 한다. 닫지 않고 내렸다가는 음식이나 차 안의 신기한 소지품도 가지고 가니 주의를 요한다.

돌무더기를 쌓아 놓은 듯한 바닷가가 보이자, 대망의 "Cape of Good Hope"라는 이정표(里程標)가 눈에 쏙~들어 온다. 바다 위로 200미터 이상 솟아 있는 남쪽 지점의 절벽으로, 동경 18도 28분 26

희망봉(Cape of Good Hope) 앞에선 한국 관광객

초, 남위 34도 21분 25초라고 쓰여져 있는 데 케이프 포인트 보다 희망봉이 약간 남 서쪽에 있는 것 같다. 최초 인류 거주 역사 를 석기 시대로 거슬러 올라가게 되면, 산 (San) 사냥꾼과 코이코이(KoiKoi) 목축민 들이 이곳에 살았다고 한다. 역사적인 곳인 만큼, 수 많은 사진 세례를 받는 곳이리라.

희망봉은 인도양을 향해 하고 돌아가는 수 많은 선원들이 고향으로 돌아가는 길목 에서 만났다는 이 곳, 이제 얼마 남지 않았 다는 희망을 가지고 머물렀다는 "희망의 곳". 1488년, 디아스는 반도를 카보 토르 테로소슈(Cabo Tormentoso) 또는 폭풍 의 곳이라고 이름을 지었고 훗 날, 프로투

희망봉 정상으로 올라가는 길

희망봉 정상에서 바라본 대서양

갈의 왕 존 2세(Portugal's King John ll)는 희망봉(Cape of Good Hope) 라고 이름을 지었다. 대서양과 인도양이 만나는 이 곳은 수 없이 부딪치는 파도를 보며 조용히 묵상(默想)하며 기도해 본다. 마음 속에 모든 근심 떨쳐 내버리고 오직 자신의 희망으로 채워지길 바라는 마음으로 말이다.

영국 BBC에서 죽기 전에 꼭 가봐야 할 여행지 5번째로 선정이 되었다는 이 곳,

아프리카 대륙 땅끝 마을에서 희망의 곳을 만나 보았는가?!

그렇다면 거기에서 희망을 품어 보아라!!!

마지막 코스, 대륙 최 남쪽 끝에서 점을 찍고 차를 돌려 펭귄 섬으로 향하자.

그런데 아프리카에도 펭귄들이 있다고??

볼더스 비치 펭귄 섬

아프리카에 유일하게 펭귄들이 살고 있다는 이 곳, 볼더스 비치(Boulders Beach)는 거대한 화강암 바위로, 바람으로부터 잘 보호된 비치이다. 볼더스 비치는 약 3,000마리 이상의 아프리카 펭귄들의 서식지이다. 귀엽고 자그마한 펭귄들이 오늘도 여러분들을 기다리고 있을 것이다.

넓고 넓은 아프리카 답지 않게, 아담하고 귀여운 아프리칸 펭귄들의 서식처는 포근하고 아름답게 조용하게 살고 있는 그들만의 공간 그들만의 삶의 모습을 엿 볼 수가 있다. 펭귄들의 서식처로써 손색없이 아름답고 평화로움은, 보는 이로 하여금 평화롭고 안락한 즐거움을 더해준다.

볼더스 비치, 펭귄

　펭귄들이 사는 볼더스 비치에 왔다면, 꼭 사이몬스 타운(Simon's Town) 거리를 한번 둘러 보기를 권한다. 사이몬스 타운은 볼더스 비치와 그 너머로 위치하고 있으며 1677년 경에 케이프 식민지의 네덜란드 총독이었던 사이몬 반 데어 스텔의(Simon Van der stel)의 이름을

사이먼스 타운(Simon's Town) 전경

따서 지어졌다.

　1806년 영국의 제2차 점령 하에 영국 해군 기지와 남대서양 함대의
본거지가 되면서 빠르게 성장을 했던 도시이다. 마치 그 시대의 네덜란
드 풍의 거리를 아직도 사이몬스 타운에서 그대로 느껴 볼 수가 있다.

사이몬스 타운 내 군부대(Army) 앞

사이먼스 타운 시내

채프만스 픽 가는길에서

희망봉 앞에서

케이프 포안트에서 내려 오는 약 160년 된 길

케이프 포인트 전망대로 올라 가는 길에서

6

정겨움과 정이 가는
항구 마을 콕 베이(Kalk Bay)

콕 베이(Kalk Bay) 항구

볼더스 펭귄섬을 둘러 보았다면, 다음 콕 베이(Kalk Bay) 여행으로
또 떠나 보자. ~

콕 베이(Kalk Bay) 는 펭귄섬에서 쭉 뻗은 M4도로 위를 계속 타고
15분을 달리다 보면 만날 수 있는 작은 명소이다. 그냥 지나쳐서 갈 수
도 있지만, 의외로 한국의 도시에서만 살던 사람들이 많이 좋아하는
곳이기도 하다. 시골 스러운 어촌과의 만남 ~ 그 풍경이 물씬 풍긴다.

조용한 콕 베이는 철길을 밟고 있고 정겨움과 정이 가는 조용한 항
구의 마을이다. 아침에 막 잡은 듯한, 생선을 손질하며 파는 아낙네
도 볼 수가 있는데 아침에 가면 신선한 생선을 구입할 수 있고 가격 흥

콕 베이(Kalk Bay) 바로 앞 철로

정도 해 볼 만한 재미거리도 있다. 또한, 흥미로운 역사를 품고 있는데 1742년 네덜란드 동인도 회사가 사이몬스 만을 그들의 배를 위한 겨울 정박지로 선언했을 때 시작이 되었다. 마을은 산과 바다가 맞닿아 있는 아름다운 곳이다.

그 시대에는 네덜란드 인들을 위한 작은 항구 역할을 했던 곳이기도 하다. 오늘날 이 마을은 다시 한번 성격이 바뀌어, 항구와 낚시는 작지만 여전히 운영되고 있고, 생선 가게 뿐 아니라 여러가지 기념품 가게들이 줄줄이 들어서서 골동품과 예술의 중심지가 되었다. 훌륭한 식당들이 꽤 있으며 아이스크림과 전통을 자랑하는 갓 구운 베이커리도 구입할 수 있다.

콕 베이(Kalk Bay)를 지나서 타운으로 올 때 또는 갈 때는 꼭 보이즈 드라이브(Boys Drive)로 지나 오기를 권하고 싶다. 말 그대로 드라

콕 베이(Kalk Bay) 의 생선 가계

바다표범

이브 코스이기도 하지만, 폴스 베이(False Bay)의 멋진 전망을 볼 수
있으며, 맑은 날에는 바다표범 섬을 베이(Bay) 한가운데에서도 볼 수가
있기 때문이다. 또 많은 사람들이 보이즈 드라이브에서 찍은 사진을 꼭

핫베이의 한 생선 가계

뮤젠버그(Muizenberg) 해변 휴양지 – 뮤젠버그는 해안이 동쪽으로 굽이치는 곳에 위치해 있으며, 폴스 베이(False Bay) 연안에 있다.

간직했다가 훗날 자랑하는 것을 보았다.

　뮤젠버그(Muizenberg), 이 곳은 남아프리카 공화국에서 서핑의 발상지로 여겨지며 마을에 많은 서핑 학교가 있고, 실제로 20Km 이상의 거리인 폴스베이(False Bay) 정상에서 스트랜드(Strand)까지 쭉 뻗어 있는 아름답고 긴 해변을 가지고 있다. 역사적으로 이 마을은 특별한 특징을 가지고 있기 때문에 꼭 둘러 보기를 권한다. 하루 내내 시간을 내서, 해변가에서 가족끼리 휴양을 즐겨 볼 만한 아름답고 깨끗한 황금빛 모래와 초록빛의 바닷가이다.

커스텐보쉬 국립 식물원
(Kirstenbosch National Botanical Garden)

커스텐보쉬 국립 식물원(Kirstenbosch National Botanical Garden)은 세계 최초의 식물원 중 하나이다. 1913년 독특한 식물군을 보존하기 위해 설립이 되었고 이 식물원은 남아프리카 전역에서 온 7,000종 이상의 식물을 보유하고 있으며 테이블 마운틴의 경사면에서 펼쳐진 1,300에이커(528헥타르)의 정원이다.

커스텐보쉬 둘레길의 캐너피(Canopy) 다리

　여기에서 잠깐! 보쉬(Bosch)라는 단어를, 학교명, 도로이름, 지명에
서 많이 볼 수가 있다. 참고로 "보쉬"(Bosch)라는 말은 네덜란드어로
'숲'을 의미한다. 1895년에 세실 존 로즈가 클로에테로부터 이 땅을 매
입하였고, 로즈가 1902년에 사망하자 국가에 귀속이 되었다.

커스텐보쉬에서의 즐길 거리가 있다면 푸르고 푸른 넓은 잔디에서의 피크닉, 넓은 하이킹 코스, 돌 조각으로 된 정원 산책, 가족 끼리 피크 닉 그리고 주말 마다 열리는 석양 콘서트가 있다.

주말에는 커스텐보쉬 식물원에서 열린 갈릴레오(Galileo) 야외 영화관

로즈메모리얼(Rhodes Memorial)

로즈메모리얼(Rhodes Memorial)은 몇 년 전에 화재가 크게 난 이후로, 관광객이 뜸하다. 한때 로즈메모리얼은 결혼 이벤트 또는 작은 명소로 많이 찾아 오던 곳이다. 아직도 그 유명세는 그대로 있지만, 조용하고 쾌적한 레스토랑이 소실되는 바람에 찾는 이가 거의 없다. 하지만 나는 한국에서 손님이 오면 꼭 마지막으로 가는 곳이 로즈메모리얼 이곳이다.

왜냐하면 그분 로즈의 정신과 그분의 성공을 닮고 또한 그 분처럼 그 자리에서 로즈가 케이프타운의 전경을 바라보면서 수심에 잠겨 있는 로즈의 모습을…, 잠시나마 그 분이 느꼈을 위대하고 큰 포부와 야망 ~ ! 그 자리에서 나도 우리도 미래를 위해 느껴 보기를 바라는 마음에서 말이다.

로즈메모리얼 (Rhodes Memorial)

로즈메모리얼은 세실 존 로즈(Rhodes)를 기념하기 위해 지은 기념 건축물이다. 그는 자신의 그루트 슈어 사유지(Groote Schuur Estate) 전체를 남아프리카 사람들에게 기증하거나 유산으로 물려 주었다. 그 장소는 1912년에 로즈가 앉아서 그의 미래를 생각하던 바로 그곳이다. 기념비는 로즈가 성취한 모든 것에 경의를 표하기 위해 케이프타운의 약 30,000명의 시민들로부터 모금된 공공기부금과 그가 남부의 발전과 증가하는 번영에 기여한 것으로 자금을 조달했다.

아프리카에서 그의 역동적인 삶 32년 동안, 산에서 나온 석영암 덮인 화강암으로 지어진 이 기념물은 프랜시스 메이시(francis Macey)와 허버트 베이커(Herbert Baker)가 설계하였다. 거기에는 여덟 마리의 사자가 있는데, 이는 진짜 사자들이 자신의 '아프리카 야생 동물원'

역동적인 로즈의 조각상

을 돌아 다니게 하고 싶은 로즈의 바램을 표현하였다고 한다. 스완(J.W Swan)은 또한 로즈의 흉상을 조각했고 49개의 계단(그의 삶의 매 해 마다 하나씩)의 발치에서 자란 역동적인 "에너지의 조각상"은 로즈의 끊임없는 추진력과 결단력에 대한 찬사의 의미가 있다. 로즈의 흉상을 받치고 있는 받침대에는 다음과 같은 문구가 새겨져 있다.

"The immense and brooding spirit still shall quicken and control. Living he was the land and dead his soul shall be her soul" (헤아릴 수 없이 골똘히 생각하는 그의 정신은 여전히 활기

차게 살아 움직일 것이다. 살아서 그는 땅이었으며, 죽어서 그의 영혼
은 대지의 영혼이 될 것이다.)

케이프타운 대학

케이프타운 대학(UCT, University of Cape Town)이 멀지 않은
거리, 같은 선상의 거리에 약 5분 내외에 있다. 아프리카에서 가장 오래
된 대학이자 아프리카의 선도적인 교육 및 연구 기관 중 하나인 케이프
타운의 자랑스러운 대학이다. 처음 1829년에 남자들을 위한 고등학교
인 남아프리카 대학으로 설립되었다.

1880년부터 1900년까지 민간 자금과 정부의 지원을 받아 본격적
인 대학으로 발전했다. UCT는 1918년 알프레드 비트(Alfred Beit) 유
산과 추가적인 상당한 기부금에 기초하여 공식적으로 설립이 되었다.
1928년 UCT 대학교는 개교 100주년을 기념했고 오늘 날 역사가 깊은
아프리카 최고의 대학교 뿐만 아니라, 세계적인 대학교로서 그 명성을
지키고 있다

UCT 를 멀리서 바라 본 전경(Universial of Cape Town)

모스테르트 풍차

모스테르트 밀(Mostert's Mill)
은 UCT와 같은 M3 도로 선상
1~2분 거리에 있는 도시속에 아름
답게 그 자체를 폼 내고 서 있던 풍
차이다. 이 풍차는 남아프리카에서
가장 오래된 것으로 아직까지 남아
있는 전통의 풍차였다. 1796년 농
장 '웰글레겐'(Welgelegen)에 개
인 방앗간으로 지어졌다. 이 공장
은 1935년에 처음으로 복구되었
고, 현재까지 정상적으로 운영되었

지만, 이 풍차 역시 로즈메모리얼 화재로 인해 같이 큰 피해를 입었고
현재는 보수 중에 있지만, 추후 보수 공사 후에 볼 것을 권한다.

그루트 슈어 병원(The Groote Schuur Hospital)은 시내에서 돌
아 오는 N2 또는 M3 도로위에 웅장하고 기개 있게 짙은 오렌지색의
병원이 잘 보일 것이다. 그루트 슈어 병원은, 1967년도 세계 최초 성
공적인 심장 이식 수술로 잘 알려져 있다. GSH(The Groote Schuur
Hospital) 박물관을 방문하여 의학이 어떻게 변하고 발전이 되었는지
많은 것을 우리에게 배우게 해준다. 이 타운 주변에는 몇 백 년의 역사
가 주변의 곳곳에 남아 있는 것을 보게 되는데., 남아공은 급속한 발전
보다는 자연과 보존을 더 소중히 여기는 것을 우리는 목도한다. 아직도
이 주변에는 소개하지 않은 크고 작은 명소, 숨어져 있는 역사들이 너
무 많다.

커스텐 보쉬(Kirstenbosch National Botanical Garden)의 숲

    케이프타운의 여행은 계속 이어진다. 꼭, 남아공 케이프타운을 방문
해서 만나고 보고 듣고 찾아 가는 여행이 되기를 바라면서 계속 이어
가 본다.

로즈메모리얼 주변 피크닉 레스토랑에서

남아공 남단 내륙과 해안을 가르지는 환상의 길,
가든 루트(Garden Route)

치치카마 다리에서

케이프타운 관광은 크게 페닌슐라(반도코스)와 가든 루트 그리고 와인루트로 나누어 진다고 할 수 있겠다.

먼저, 자연이 총 집결(集結)이 되었다고 해도 과언이 아닌 이 곳, 가든 루트(Garden Route)는 유럽인들도 즐겨 찾을 정도로 오감 만족, 대 자연(大自然)의 하모니를 멋 떨어지게 만들어 낸다.

넓은 모래 해변이 펼쳐 있고 숲이 우거지고 무성하다고 붙여진 가든

치치카마

루트는 자연과 함께 모험과 탐
험을 아울러 즐길 수 있는 멋진
코스이다. 반 사막과 사파리,
울창한 숲, 동굴, 바다 등 남아
공에서 빼놓을 수 없는 모든 자
연들이 한데 모아 주는 짜릿한
쾌감을 느껴 볼 수가 있다.

스톰 리버

　가든루트의 범위를 넓게 보면 서던 케이프타운(Southern Cape
Town)에서 포트 엘리자베스(Port Elizabeth)까지 이어지는 구간
을 의미하고, 좁게는 모셀베이(Mossel bay)에서 치치카마 국립공원
(Tsitsikamma national park)을 의미한다.

　케이프타운에서 번지점프가 있는 곳, 블루크란스(Bloukrans)까지
는 약 560km정도이다. 여유로운 일정을 잡는 다면, 대략 6박7일 일정
이라면 충분한 볼거리와 놀이로 최상의 만족과 아름다움을 여유 있게
즐길 수 있다.

사막에도 식물이 자라고 있는 모습

숲과 호수와 산이 자연 그대로 어우러진 정적인 호수와 늪지대, 그리
고 황금빛의 백사장과 야생화로 뒤 덮인 끝없는 초원은 드라이브하는
내내 그 풍광에 감탄을 자아 내게 한다.

케이프타운에서 N2를 타고 가든루트로 가는 길은 선택지에 따라 여러 방향이 될 수가 있다. 참고로, 시간, 일정, 비용, 취미, 거리를 고려해서 선택지에 따라 일정과 여행코스도 다르게 됨을 참고 하기 바란다.

아래의 관광지는 케이프타운에서 출발해서 가든루트 가는 N2 길에 들러 볼만한 주변 관광지들이다. 크고 작은 명소들이 곳곳에 너무나도 많이 있어서 일일이 다 열거 할 수 없음을 참고해 주었으면 좋겠다.

- 허마너스(Hermanus)
- 몽테규 (Montag)
- 아굴라스곶 (L'Agulhas)
- 리버스데일 (Riversdale)
- 조지(George)
- 캉고 동굴(Cango Cave)
- 캉고 와일드라이프 랜치(Cango Wildlife Ranch)
- 와일드니스(Wilderness)
- 나이스나 (Knysna)
- 스톰 리버(Storms River)
- 블루크란스(Bloukrans)
- 제프레 베이(Jeffreys Bay)
- 칼레돈 온천(Caledon)
- 칸스베이(Gansbaai)
- 스웰덤(Swellendam)
- 모셀 베이(Mossel Bay)
- 클레인 카루(Klein Karoo)
- 오츠후론(Oudtshoorn)
- 네이쳐 벨리(Nature's Valley)
- 플라톤버그 베이(Plettenberg Bay)
- 치치카마(Tsitsikamma)
- 포트 엘리자베스(Port Elizabeth)

모셀 베이(Mossel Bay)

칼레돈(Caledon) 온천

먼저 오버버그(Overberg)에 있는 칼레돈(Caledon) 온천은 한국인들이 좋아 하는 곳이지만 투어로는 잘 선택하지 않는다. 케이프타운에는 두 군데의 온천이 있는데, 칼레돈(Caledon)과 몽타규(Montague) 온천이다. 몽타규는 케이프타운에서 가든루트로 가는 길, R62 도로에 있다. 몽타규 역시, 한국인 현지인들도 즐겨 찾아 오는 곳일 정도로 노천 온천부터 실내 온천까지 시설이 잘 갖추어져 있어서 많은 사람들이 찾아 온다. 어린이들을 위한 시설도 잘 되어 있어서, 자녀가 있는 가족들이 여기 온다면 많은 추억을 남길 것이다.

칼레돈이 있는 이 오버버그 지역의 온천은, 수천 년 전, 이 지역에 사는 원주민들에 의해 사용되었다고 한다. 네덜란드 탐험가들이 1694년에 처음으로 오버버그(Overberg)를 발견했을 때, 그들은 온천과 치유의 물을 발견했다.

모셀베이(Mossel Bay)

플라톤버그 베이(Plettenberg Bay)

　칼레돈 마을의 설립은 이후 3세기 동안 여행자들에게 많은 안도감
과 치유를 해 주었는데 거기에는 온천이 지대한 영향을 미쳤다고 한다.
　오버버그를 지나 가는 코스의 반대편에는 그림 같은 포도밭, 과수원,

허마너스(Hurmanus)

그리고 아름다운 녹색, 금색, 갈색 풍경들이 있는 계곡이 있다.

자, 이제 칼레돈에서 여행의 피로가 좀 풀렸다면 이제 고래, 백상어가 출현한다는 허마너스(Hermanus)로 신나게 달려 가보자.

허마너스(Hermanus)는 케이프타운에서 2시간 거리에 있는 케이프타운 남동쪽에 위치 하고 있는 조용한 해변 마을이다. 이곳은 고래 관광지로 잘 알려져 있는 곳이다.

해변에는 보엘클립 해변과 워커 베이가 내려다보이는 넓은 그로토 해변이 있다. 올드 하버 박물관은 오래된 항구로서 어부의 마을, 고래의 집 박물관으로 볼 만 하다. 고래 시즌(6월~12월)에 맞추어 온다면 남방의 참고래도 볼 수가 있는데, 꼭 고래 시즌이 아니더라도 잠시 들러서 같은 장소에서 온난한 바람과 시원한 바람을 동시에 느끼면서 식사와 차를 마시는 그 기분 또한 묘함을 준다.

모셀베이(Mossel Bay)는 허마너스에서 310Km, 3시간 30분 정도 소요된다. 모셀 베이는 가든루트에 있는 항구도시이며 산토스 해변과

허마너스(Hurmanus) 해변가 앞에 있는 간이 레스토랑

19세기 케이프 세인트로 유명하다. 미래의 고고학자가 꿈이라면 필히 가보아야 할 곳이 있는데 바르톨로메우 디아스 박물관 단지에는 해양 박물관, 조개 박물관, 식물원이 있다. 남아공은 인류의 시초라고 고고학계에서 밝혀진 바와 같이, 여기에서도 그 역사적인 흔적을 찾아볼 수 있는 좋은 곳이니 말이다. "모셀 베이"라는 이름은 최초 유럽인들이 모셀 베이를 발견했을 때, 먹을 수 있는 식량이 조개 밖에 없다고 해서 붙여진 이름이 "모셀 베이"가 되었다. 이렇게 재미 있는 실화가 남아공에서는 곳곳에서 존재 하고 있으니 얼마나 흥미로운 여행이지 않은가!

오츠후론(Oudtshoorn)은 모셀베이에서 약 86Km 1시 20분 거리에 있다. 가든 루트 코스에서 빼놓을 수 없는 아주 중요한 관광 명소(名所)이다. '타조의 수도'라고 불리는 오츠후론에서 필히, 타조 농장을 방문해야 할 것이다. 여기는 무려 450여개의 타조 농장이 있다. 타조를 타보는 경험과 박물관, 각각의 타조로 만든 작품과 작업 공정 역시 흥

오츠후론 타조 농장

미롭고 신기하다. 잊지 말아야 할 것, 타조 요리!! 역시 별미이다. 버릴 것이 하나도 없다는 타조는 동물 중에서도 효자 동물이다.

아프리카에서 사파리를 빼놓을 수는 없다. 북쪽의 크루거내셔널 파크(National Park)가 있다면 남쪽에는 아도 코끼리 파크(Addo Elephant Park)가 있다. 두 국립공원은 많은 차이가 있다. 사파리를 마음껏 즐기고 싶다면, 모잠비크 국경과 음프말랑가 림포포 주 경계에 있는, 크루거내셔널 국립공원을 추천한다. 하지만, 작게라도 다양한 경험과 다양한 활동을 즐기고 싶다면 아마도 코끼리 파크 또는 아퀼라 사파리에서도 즐겁게 신나게 사파리 체험을 할 수가 있다.

Klein Karoo에 위치하며 대표적인 두 명소가 있는데 하나는 남

아도 코끼리 국립공원(Addo Elephand National Park)

아공의 다양한 동물들을 한 곳에 모아 놓은, 캉고 와일드라이프 랜치(Cango Wildlife Ranch)와 종유석과 석순의 신비로운 모습들이 기기묘묘하게 펼쳐져 있는 지하 세계 자연을 볼 수 있는 캉고 동굴(Cango Caves)이 있다.

캉고 동굴은 오츠후론 마을 근처의 스와르트베르크 산맥 기슭에 있다. 이 동굴을 보려고 해외에서 많은 방문객들이 몰려 들 정도로 희귀하고 흥미로운 관광지이다. 그 터널 안의 광범위하게 펼쳐져 있는 장관에 두 눈은 황홀한 늪에 빠질 것이다. 유럽인들 표현에 간혹하는 감탄사가 있는데 "Crazy, Beautiful!!"이라는 표현을 쓴다. 바로 이럴 때 사용하는 말인 것 같다. 실로, 가보면 충분히 이해가 간다.

캉고 동굴(Cango Cave)

필히 찾아가서 보고 탐험(探險)해 볼 것을 권한다. 너무나도 아름다운 매력에 쏙~ 빨려 들 것이다. 장구(長久)한 시간이 흘러 내린 종유석과 바위와 바위 사이로 스며 들어져 만들어 낸 석순의 예술의 극치는 또 하나 찬사를 자아 내게 한다. 투어를 할 때, 잊지 말아야 할 것은 동굴 탐험에는 표준 투어(Standard Tour)와 모험 투어

(Adventure tour)가 있으니, 잘 선택해서 투어하면 보다 더 즐거운 여행이 될 것이다. 어드 밴쳐 투어는 지극히 뚱뚱하지 않다면 한번 모험할 필요가 있다. 아마도 평생 잊지 못하는 추억으로 매김할 것이다.

나이스나(Knysna)

다음코스는 나이스나. 포트 엘리자베스 방향으로 N2를 타고 계속 이동을 하다보면 천연의 만을 끼고 바닷물이 들어와 만들어 낸 호수 주위로 자리한 나이스나(Knysna)를 만나게 될 것이다. 바다의 흐름과 바람의 결을 느낄 수 있는 요트에 몸을 맡기면 더 없는 천혜의 아름다움을 몸으로 느끼고 또 느낄 수 있다. 와일드니스 공원(Wilderness Park), 플라톤버그 베이(Plettenberg Bay)와 휴먼스돕(Humansdorp) 사이의 약 80km의 아름다운 해안 국립공원이다. 치치카마 국립공원(Tsitsikamma national park)은 빼 놓을 수 없는 곳이다. 울창한 숲과 광활한 해변, 모래사장을 마음껏 누릴 수 있고 썰다이빙, 패러글라이딩, 모래 언덕 스노 보드, 트레킹 등을 하기 위한 최적의 장소이기도 하며 시프톤(Ciftons) 해변 등 즐길 수 있는 모든 활동을 여기서 마음껏 즐길 수 있을 것이다.

블루크랜스(Bloukrans)에서는 세계에서 가장 높은 번지 점프가 있다. 또한 아름다운 몇 개의 트레킹 루트, 서스펜션 브리지 등으로 잘 알려진 곳이다.

일정이 더 소화가 된다면 원숭이의 땅, 몽키 랜드(Monkey Land)와 버즈 오브 에덴(Birds of Eden)을 둘러 보면 아이들에게는 무엇보다 신선함과 흥미로움을 줄 수 있을 것이다.

돌아 오는 길에는 인도양과 대서양 만나서 하나가 되는 곳, 아굴라스 곶(Cape Agulhas)을 들러서 기념 사진 한 컷을 찍기 바란다. 최 남단에 위치하고 있음에도 불구하고 워낙 유명한 희망봉에 묻혀져 있다.

번지 점프 다리 (216m)

스웰덤에서 기념 사진

플라톤버그 베이(Plettenberg Bay)

제프레 베이(Jeffreys Bay)

너무나도 가 볼만한 관광지가 아직도 많이 남아 있다. 그 중에 하나가 남아공 천문대(天文臺)가 있는 서더랜드(Sutherland)다. 케이프타운 동북쪽으로 약 400km 떨어진 곳에 천문대가 있다. 남아공 국립 천문대(SAAO) 산하 관측소이다. 여기에 흥미로운 것은 우리나라 한국천문연구원과 연세대가 남아공 측과 공동 관측소 건설에 합의하여 2002년 12월에 완공된 천문대라는 것이다. 꼭 가서 깨끗한 하늘에 수많은 별들이 수를 놓은 것처럼 잘 보인다. 꼭 한번 가서 보고 오는 것도 좋을 것 같다.

〈가든 루트 가는 길에서〉

스웰덤

네이쳐 벨리

네이쳐 벨리

크레인 카루

8

최고의 포도밭, 와인루트

그루트 콘스탄시아 와인 팜(Groot Constantia Farm)

남아공에서 술 문화를 뺀다면 너무나도 무미할 것이다. 와인애호가들이라면, 300여 년의 역사를 지닌 전통이 있는 와인 공장이 많기로 유명하고 또한 역사의 걸맞게 와인 최상의 조건을 갖춘 포도밭에서 최고의 빛과 맛, 향을 스테이크와 함께 우아한 품격의 맛을 느껴 보시라!

남아공 와인 역사를 거슬러 올라가게 되면, 곶의 초대 총독이었던 얀 반 리베크(Jan van Riebeeck)는 1655년에 포도원을 가꾸었고, 1659년 2월 2일에 곶의 포도로 첫 포도주를 만들었다.

오늘 날 비숍코트(Bishopscourt), 와인버그(Wynberg)로 알려진 로슈벨(Roschheuvel)이 대표적으로 이어져 온 것이다.

스텔렌보쉬에 있는 들레르그라페 와인 팜

그루트 콘스탄시아 박물관 내부 전시물

　남아공의 와인 역사를 잘 보여 주는 위그노 기념 박물관을 꼭 한번 들러보기를 추천한다. 17세기 말에, 프랑스 위그노 교도들이 남아프리카 남부 해안 지방에 포도 재배법을 들여 온 이래로 남아공 와인 생산은 세계적으로 각광을 받는 대표적인 산업으로 발전을 하게 되었다.

　케이프(Cape) 와인랜즈(Winelands) 구역은 네덜란드와 프랑스의 아름다운 분위기가 가득한 서해안과 오버버그 해안으로 남아프리카의 시골과 작은 마을의 '진주'로 알려져 있다.

　세계적인 와이너리들이 케이프 와이너리를 둘러보러 오는 것은 와인 뿐만이 아니라, 남아공의 음식과 전통 와인의 조합 그리고 남아공 최고의 식당들이 이곳에 줄지어 많이 모여 있기도 하다.

그루트 콘스탄시아 와인 공장에 전시되어 있는 오래된 마차

시골 마을 가계에 전시되어 있는 식품과 와인, 음료수

남아공에는 포도 재배지로 케이프타운에는 3개의 큰 줄기 와인
루트로 나눌 수가 있는데, 스텔렌보쉬(Stellenbosch)와 프랜치훅
(Frenschoek) 그리고 팔(Paarl)이다. 케이프타운 와인루트(Wine
Route)에는 와인 투어 프로그램이 있다. 각 지역마다 최고의 와인 제
조 시설들을 두루 견학할 수가 있는 좋은 경험을 해볼 수가 있다.

남아프리카 와인 증가 지역

스텔렌보쉬에 있는 들레르그라페 와인 팜(Delaire Graffe Wine Farm)

그루트 콘스탄시아 와인 팜(Groote Contantia Wine Farm)

시골 마을에서 흔히 볼 수 있는 와인 샵과 카페

　와인 팜을 돌아 다니면서 와인을 시음하다 마음에 드는 것이 있으면 그 자리에서 바로 구입도 가능하다. 와인 테스팅을 두루 하다 보면, 자기 입맛에 딱 맞는 와인을 찾을 수 있는 좋은 기회이기도 하다.

　한국의 편의점에서 마셔보았던, 다른 차원의 맛, 즉 산으로 둘러싸인 목가적 풍경 속에서 고풍스런 아름다움을 느끼며 전통방식의 양조장, 역사가 묻어 있는 와인의 참 맛을 그 현장에서 마시는 그 기분…, 상상 해 보라!

그루트 콘스탄시아 와인 공장에서 와인 테스팅 하는 곳

 그럼, 먼저 스텔렌보쉬 와인을 소개한다면, 워낙 유명하게 잘 알려진 스텔렌보쉬 와인이다. 이곳은 오래된 대학교 스텔렌보쉬 대학교 도시 주변을 둘러싸고 있는 곳인데, 와인 코스 목적지 중에서 가장 상업적이고 잘 확립되어 있다고 할 수 있다. 이곳은 최초로 와인 루트 목적지로 설립되었고 조성되어 온 와인 지역이다. 약 200개 정도의 농장들이 있다고 한다.

 또한 스텔렌보쉬에 가게 되면, 꼭 빌리지 박물관(Village Museum)도 찾아서 관람해 보기 권한다.

 거기에는 몇 백 년 전부터 내려온 건축물, 전통 하우스가 연도별로 잘 보존이 되어 있다. 전통 케이프더치 양식의 건축물들로 스텔렌보쉬뿐만이 아니라 남아공의 전체 역사를 한 눈에 보여 주는 것처럼 감동의 물결을 준다. 관람은 약 1시간 이내 소요가 될 것이다.

스텔렌보쉬 빌리지 박물관(Village Museum)

와인 팜 안의 안내판

와인팜 안의 카페들

둘째로 프렌치훅(Franschhoek)은 1688년 프랑스 위그노교도들에 의해 설립된 지역의 와인루트로 유럽의 매력과 장관을 이룬다. 대표적으로 우뚝 솟은 떡갈나무, 구르는 포도밭, 케이프더치 건축물들이 대표적이다.

프렌치훅(Frenchhoek)의 와인 제조 기술과 프랑스식 와이너리, 호텔, 레스토랑은 모두가 프랑스 영향력이 얼마나 그 지역에 뿌리가 박혀 있는지 잘 보여 준다. 시내 곳곳에서 볼 수 있는 카페들 프렌치훅에는, 유명한 와이너리와 뷰티크에 이르기까지 놀라울 정도로 좋은 와인 생산을 하는 45개의 와이너리가 있다고 한다.

　프렌치훅 와인팜에는 홉온 홉오프(Hop-on Hop-off) 투어가 있다. 2층 야외 트램 버스로, 남아공에서 가장 오래된 와인 팜에 정차를 하면서 그림 같은 포도밭을 구경하며 숨막히는 풍경을 보게 된다. 품격이 있는 전통 와인 팜에서, 세계적인 요리, 고급 와인을 마시면서 따뜻한 환대를 받으며 그 기분과 함께 300여 년의 역사가 묻혀 있는 그 곳을 꼭 경험해 보시라.~

　홉온 홉오프 투어는 정차하는 곳마다 와인 테스팅과 구매가 가능하다. 프렌치훅 와인 트램은 코비드-19 이전에는 6개의 홉온 홉오프 라인으로 운영이 되었으며, 주황색, 보라색, 파란색, 녹색, 빨간색, 노란색 선으로 각각 6개 정도 와인 팜 방문이 이루어졌다. 지금은 다소 줄었지만 여전히 인기가 많다.

홉 온 홉 오프 투어의 야외 트램 버스

와인 투어하는 관광객 모습

　마지막으로 팔(Paarl) 와인루트는 아주 시골스러운 분위기의 느낌을 가지고 있고 웨스턴케이프에서 가장 발전된 와인 지역중의 하나이다. 세계 최초의 화이트 와인, 피노타주(Pinotage)를 만든 것으로도 유명하다. KWV 와인 셀러 투어가 있다.

　추가로 하나를 더 소개한다면, 콘스탄시아(Constantia) 와인 코스를 빼놓을 수 없다. 역사적으로 유명한 콘스탄시아(Constantia) 지역에는 10개의 와인 농장이 있다. 그 중에서도 그루트 콘스탄시아(Groot Constantia) 와인 팜은 전통이 있고 역사가 깊기로 유명하다. 케이프 타운 시내에서도 20분 정도 거리에 있을 정도로 가깝고 마켓팅이 잘 되어 있다. 세계적으로 고품질의 레드 와인(Red Wine)을 생산하는 곳, 수상 경력이 화려한 곳으로 잘 알려져 있다.

그루트 콘스탄시아 와인 팜 주인 남매 (Brawnda and Grant)

　오늘 이 와인팜의 지주였던 분의 딸과 아들(Brwnda and Grant)을 운좋게 만나고 왔다. 같이 기념 사진을 못 찍어서 안타깝지만, 그들 남매를 사진이라도 찍을 수 있어서 운이 좋았다.

　무수하게 많은 브랜드의 와인 팜이 있지만, 다음 브랜드 팜을 참고하면 될 것 같다. 프렌치훅에 있는 보샌달(Boschendal) 와인팜, 카브

유명한 카브리에르 와인 농장

리에르(Cabriere) 와인 팜, 페어뷰 와인(Fairview Wine), 드라켄스틴(Drakenstein Prison), 라 모트 와인(La Motte Wine), 프렌치훅 컨츄리 하우스(Franschoek Country House).

스텔렌보쉬에 있는 팜, 보태니컬 가든(Botanical Garden), 어니 엘스(Ernie Els Wine), 워터포드 와인(Waterford Wine), 현대적인 건축물의 토카라(Tokara) 와인 팜은 아주 세련되었고 광활한 와인 팜을 자랑한다.

토카라 와인 팜 테스팅(Tokara wine Farm)

토카라 와인 팜(Tokara Wine Farm)

　실내에서 양조장을 한눈에 들여다 볼 수 있고 윈도우를 통해 넓고 넓은 푸른 포도밭들이 또한 한 눈에 볼 수 있도록 아름답게 현대적으로 건축 설계가 되어 있다.

　웬만한 와인 팜에서는 식사와 와인을 겸할 수 있는 레스토랑이 있고

카라 조형물

어느 와인 팜의 렌스토랑

토카라 와인 팜 실내

그루트 콘스탄시아 조형물

가볍게 차, 와인을 할 수 있는 카페가 많다. 우아하게 아침 산책하고 난 뒤, 가볍게 브런치를 여유롭게 즐길 수 있는 아름다운 곳이 또한 너무 많이 있으니 주말 같은 날에도 꼭 한번 이용하면 좋을 것 같다.

남아공의 와인 팜들은 너무나도 잘 가꾸어져 있는 정원과 예술적인 갤러리를 포함 하고 있다.

GROOT CONSTANTIA
LANDGOED · ESTATE

9

"꽃을 든 남자~!"
많이 들어 보았는가!

국내 뿐만이 아니라, 전 세계에서 찾아 오는 관광객이 매년 증가하고 있다는 이 곳,

한 때 조용해서 알려지지도 않았던 이 곳,

타의 추종을 불허하는 지리적 다양성을 지닌 이 곳,

정말로 순수 깨끗하고 참으로 아름다움의 극치인 웨스트코스트 (West Coast)를 빼놓을 수가 없다.

사실, 이 곳은 여성보다 남성 한국인들이 좋아 하고 야유회를 많이 다니는 것을 보고는 "꽃을 든 남자~!" 가 절로 생각이 났던 기억이 난다.

웨스트코스트(West Coast)

해변, 웅장한 산맥 그리고 장관을 이루고 봄에 피는 야생화들이 만개하는 이 곳은 아름답기로 유명한 웨스트코스트(West Coast)이다. 케이프타운에서 R27 도로를 타고 경로에 따라 다소 차이가 있겠지만,

밀너톤(Milnerton)을 지나서 약 220km 거리에 소요시간은 약 2시간 30분 정도이다. 물론, 당일코스로도 발 빠르게 갔다 올 수가 있지만, 좀 더 시간이 허락한다면 1박2일/2박3일 일정을 잡는다면 아름다운 풍광을 여유 있게 낭만을 즐기고 올 수 있을 것 같다.

웨스트 코스트는 3지역으로 나누어 볼 수가 있는데, 웨스트 코스트 (West Coast) 27루트와 올리펀츠 리버 벨리(Olifants River Valley), 스왈랜드(Swartland)로 나눌 수가 있다.

웨스트코스트(West Coast)

주변 백사장의 4륜차(4×4) 모험

　웨스트코스트를 지나 가는 길은 눈을 뗄 수 없을 정도로, 화려한 야생화들이 장관을 이룬다. 군데 군데 신기한 야생화들은 당신 발걸음을 내내 잡을 것이다. 또한 이 곳은 꽃들만의 잔치가 아니라, 주변의 멋진 백사장에서 4×4 모험이 있다. 취향에 따라 다를 수 있겠지만 아주 흥미로운 이벤트다. 가장 매력적인 것은 사륜구동 차량을 타고 야생의 동물들을 마음껏 볼 수 있는 게임 드라이브이다. 꼭 즐겨 보도록 권하고 싶다.

웨스트 코스트 해변가

이 주변에도 작은 역사들이 곳곳에 내재되어 있다. 1701년에 처음 정착이 된 맘레(Mamre)라는 작은 마을이 있다. 케이프의 총독이 군대를 설립하기로 결정하고 유럽 정착민의 소를 토착민으로 도난, 보호하기 위해 설립이 되었던 곳이다.

200년 전, 300년 전의 시설을 복원해 놓았다는 그 곳에서, 꼭 한번

웨스트코스트의 조용한 마을

달링 정거장

애들과 함께 가보면 옛 역사의식과 현재와 내일을 맛볼 수 있는 좋은 경험이 될 것 같다.

또한 그 곳에는 전통적으로 화려한 야생화로 유명하며, 1917년 달링(Darling) 야생화회가 일반인들에게 기회를 제공하기 위해 결성한 달링(Darling) 마을이 있다. 1967년에 국가 기념물로 지정되었고 웨스트코스트에는 자연 유산을 즐길 수 있도록, 오늘날 다양한 보호구역과 보존구역이 잘 되어 있기로 유명하다.

같은 선상에 있는 R27 도로에 다음과 같은 관광지도 있으니 참고하면 좋을 것 같다.

- 코버그 자연보호구역(Koeberg Nature Reserve)
- 론데버그 프라이빗 리저브(Rondeberg Private Reserve)

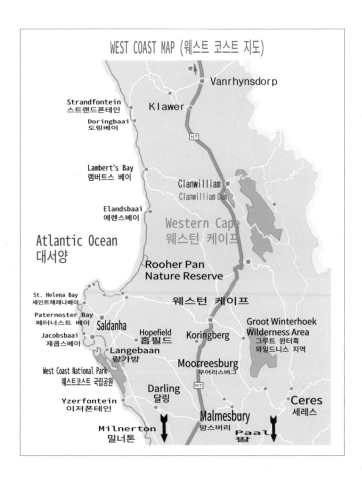

기타 주변의 흥미 있는 장소는 다음과 같이 있으니 여행에 참고하기 바란다.

- Oudepost Orchid 농장(남아공에서 가장 큰 농장)

- 구 시청 & 박물관(Old Town Hall & Museum이며 1899년 건립 됨)

- 올드 시그널 캐논(Old Signal Cannon)

- 에비타 페론(Evita se Perron, Old Darling Rail Station)

루이보스 차

　우리가 잘 아는 남아공의 특산품 중 루이보스(Rooibos) 차는 전 세계적으로 잘 알려져 있다. 여기 남아공 웨스트코스트, 올리펀츠에 왔는데 루이보스 가공 공장을 보지 않을 수 없다. 올리펀츠 강(Olifant River) 계곡 램버트 베이(Lamberts Bay)에서 내륙으로 이동하면 N7 도로와 클랜윌리엄(Clanwiliam) 마을을 만나게 된다. 이 마을이 바로, 루이보스 차 산업의 중심지이며 아프리칸스 시인 C. Louis Leipoldt의 고향이기도 하다. 이 곳에서 자란 시인 Louis Leipoldt는 우퍼탈에서 레니쉬 선교를 시작한 독일 선교사의 손자였다. 그는 또한 이 지역에 묻힐 것을 요청했고 그의 무덤은 웅장한 박휴 고개로 가는 길 옆에서도 볼 수 있다.

　자~ 루이보스 이야기로 다시 돌아와서, 루이보스(Rooibos)는 핀보수 종으로 클랜윌리엄/세더버그 지역의 토착종으로 여기서 가공, 포장

해서 전 세계로 수출이 되고 있다. 루이보스 차는 우리나라에서도 여러 효험의 효과로 많은 사람들에게 이미 알려져 있고 즐겨 마시는 차로 유명하다.

여기 클랜윌리엄 마을에 오게 된다면, 묘목부터 마지막 포장까지 루이보스 재배의 모든 과정을 실제로 경험 할 수 있도록 시범으로 보여주고 또한 가공 공장 투어도 제공이 되고 있으니, 꼭 참고하기 바란다.

남아공에는 유명한 와인도 있지만, 시중에 판매가 되고 있는 아주 고급스런 주스 브랜드 세레스(Ceres)가 있다.

세레스라는 이름은 그리스 "대지의 여신" 또는 로마의 "농업의 여신"의 이름을 따서 지어졌다. 케이프타운에서 N1 도로를 타고 약

세레스 주스

1시간 40분 소요가 되는데 약 140km 위치에 있다. 18세기 유럽 식민지 개척자들에 의한 가축 농장의 확장과 연결되었고 1861년에 Prince Alfred's Hamlet은 Ceres에서 북쪽으로 10Km 떨어진 작은 마을로 1861년에 설립이 되었다. 쿠에 복케벨트 지역은 붉은 사과뿐만 아니라 배, 복숭아, 자두 살구, 감자, 양파, 밀 생산으로도 유명했다. 그해에 남아프리카를 방문한 빅토리아 여왕의 둘째 아들의 이름을 따서 Ceres라고 지어졌다. 그 마을은 산업과 사업 개발에서 빠른 성장을 하게 되었고 오늘 날 유명한 브랜드로 남아공을 대표하는 과일 주스 대명사가 되었다

아름다움과 슬픔의 역사가 공존하는,
요하네스버그

요하네스버그(Johannesburg) - 조벅(Jo'burg)

요하네스버그(Johannesburg)는 남아프리카공화국에서 비즈니스 상업도시를 대표한다고 할 수가 있다. 요하네스버그(Johannesburg)를 짧게는 조벅(Jo'burg)이라고도 부른다. 케이프타운을 '마더시티'라고 한다면 요하네스버그는 '황금의 도시'라고 부른다. 오늘은 그 요하네스버그를 가본다.

1886년 금광이 발견 된 후, 130여년 사이에 조그만 했던 금광 마을이 오늘날 인구는 600만명(2020 지자체 기준)이고, 면적은 1,645Km²이다. 현대적인 대도시로 또 남아프리카공화국의 최대 도시로, 금을 산출한 광산업 도시이며 최고의 상업, 철광업, 석유화학 섬유 피혁 공업 도시로 변모했기 때문이다.

요하네스버그는 가우텡(Gauteng) 주에서 최대의 도시이고 해발고도는 1,900m의 내륙고원으로 건조한 기후가 특징이며 여름철 기온은 평균 15~30도로 선선한 편이다. 겨울철은 평균 다소 내려간 5~15도이며 비교적 춥다.

요하네스버그 시내 전경

　요하네스버그(Johannesburg) 국제공항은 코사어로 오알 템보 국제공항(O.R.Tambo Internatioanl Airport)이라고도 부른다. 요하네스버그 국제 공항은 아프리카 최대를 자랑하는 명실상부 아프리카의 허브공항이기도 하다. 1920년대에 지어진 옛 Rand 공항은 폭주하는 인원으로 수용이 되지 않아 오늘날, 요하네스버그 공항이 새로 건설된 것이다.

　참고로 요하네스버그 공항으로 가는 지하철은 안전요원들이 항상 대

요하네스버그 국제 공항 (또는 O.R. Tambo International Airport)

공항으로 가는 메트로 전철 미더랜드 정거장(좌)
전철 실내(우)

기하고 있으며 너무나도 깨끗하고 정비가 잘 되어 있어서 이방인들을 깜짝 놀라게 한다. 한국인들도 많이 이용해서 요하네스버그에 방문하는 낯선 이들에게도 공항철도를 적극 추천할 정도이다.

먼저 나는 10년전만 해도 남아공에서는 마더 시티, 케이프타운만큼이나 아름답지도 비교할 만한 도시도 아닐 것이라고 생각을 했던 적이 있었다. 이것은 지금 생각하면은 얼마나 속단이었는지 모른다. 깊고도 넓은 역사가 뿌리 깊게 패힌 요하네스버그. 이 곳 명칭의 유래는 두 사람의 이름(요하네스 마이어와 요한리스트의 이름)과 독일어로 '마을'을

프레토리아 시경(Pretoria City View)

의미하는 'burg'가 합쳐진 이름으로 지어졌다.

행정수도인 프레토리아(Pretoria)와는 약 60km 떨어져 있으며 입법 도시인, 케이프타운에서는 약 1,431km 떨어진 북쪽에 위치하고 있다. 비행기로는 케이프타운에서 요하네스버그 가는데 약 2시간 정도이고 비록 먼 거리일지라도, 차량으로 이동하는 경우도 많이 보게 되는데, 승용차로 운전해서 가게 된다면 15시간 전후 소요된다. 가히 상상이 가는 가~! 남아공의 땅덩어리가 얼마나 넓은지를. 우리나라의 약 10배 정도의 크기 이니 말이다.

자, 그럼 요하네스버그의 역사를 좀 더 깊이 들어 가보기로 하자.

1886년도에 황금 광맥이 발견이 되자 아프리카 각 지에서 이민자가 증가하기 시작했다. 19세기 말부터 20세기 초에 보어전쟁에서 영국이 현지 네덜란드 이민자 보어(네덜란드계 백인) 사람에게 승리하고 억류했고 영국인과 보어인(네덜란드계 백인)은 화해가 되었다고 하지만, 흑인들의 권리가 유린이 되고, 광부 등 흑인을 학대 하는 정책 즉, 아파르트헤이트 정책(인종차별 정책)이 시행되면서 남아프리카 공화국의 또다른 역사가 시작이 되었다고 할 수가 있다.

로즈뱅크(Rosebank) 거리

아파르트헤이트 정책 즉, 인종차별 통치 시대가 온 것이다.

도시는 아프리카너(Afrikaner) 백인 거주지역과 아프리카계(Africa) 흑인 거주지역 소웨토(Soweto)로 나뉘어 졌고, 백인을 위한 화이트 (White) 우대 정책이 실시된 것이다.

1990년대에는 아파르트헤이트 정권이 폐지가 되면서 만델라가 대통령이 되는 역사의 전환점이 되었고 새로운 남아공의 역사가 시작이 되는 요충지인 요하네스버그는 중요하지 않을 수 없는 대 도시이지만, 요하네스버그가 수도가 아닌 것이 아이러니하다.

우리는 역사가 있는 명소와 신도시인, 로즈뱅크(Rosebank) - 멜로즈 아치(Melrose Arch) - 헌법재판소(Constitution Hill) - 마이닝 디스트릿트 지역(Mining District Area) - 골드 리프 시티호텔(Gold Reef City/ Casino hotel - 역사가 뿌리 깊게 박혀 있는 아파르트헤이트 박물관(Apartheid Museum) 그 외, 행정수도인 프레토리아 유니언 빌딩, 이런 순으로 코스를 잡아 여행을 시작 해 볼까 한다.

멜로즈 아치(Melrose Arch) 거리

로즈뱅크(Rosebank) 거리

로즈뱅크(Rosebank)는 남아프리카 공화국 요하네스버그 중심부 북쪽에 위치하고 있는 국제적인 상업 및 주거 지역으로 아주 품격이 있는 아름답고 도도 적이기도 한, 세련된 도시 이다. 많은 투자가 지원이 된 로저뱅크 지역은 향후, 계속적으로 기업들에게 점점 더 인기가 있다고 한다. 대표적으로 임대료가 2분기에 9% 증가 했는 반면에 타 도시는 2.5% 그쳤다고 하니 말이다. 한국의 "분당" 신도시 정도 생각하면 될 듯 하다. 케이프타운과 약간 다른 분위기와 좀더 업그레드 된 부촌을 자랑 하듯, 백인 흑인 할 것 없이 부자 촌임을 알 수가 있는 거리와 사람들의 매무새 역시 다름을 볼 수가 있다.

멜로즈 아치(Melrose Arch)는 거리의 예술적으로 세련된 여유로움을 준다. 예술과 신선, 세련된 풍미를 함께 물씬 풍기는 거리이다. 꼭 한번 둘러 보기 바란다.

멜로즈 아치(Melrose Arch) 거리

만델라 삶의 변화 과정 모습

만델라 파운데션(Mandela Foundation)은 너무나도 유명하니 꼭 같이 둘러 보기를 아울러 추천한다. 월요일 ~ 토요일까지는 아침 9시에서 5시까지이다. 일요일은 닫혀 있으니 참고하기 바란다.

헌법재판소의 역사를 상징하는 기념물

헌법 재판소(Constitution Hill)

헌법재판소(Constitution Hill)는 지금의 이름이야 헌법재판소이지만, 원래는 백인 남성 죄수들을 수용하기 위해 지어졌던 곳으로, 감옥소로 사용이 되었던 요새의 장소였다고 한다. 1896년부터 1899년까지 올드 포트는 폴 크루거에 의해 영국의 침략에 의해 위협으로부터 남아공을 보호하기 위해 지어졌다. 후에는, 영국-보어 전쟁의 보어국(네덜란드계 백인) 지도자들이 영국에 의해 이곳에 투옥된, 꽤 흥미롭고 역사적인 곳이다. 추후, 아파르트헤이트에 반대하는 정치 운동가들도 여기에 수감이 되었고, 우리가 잘 아는 마하트마 간디도 1906년도에 이곳에 수감된 적이 있다.

헌법재판소 안에 있는 건물

건물 곳곳이 방치와 파괴로 손상되었지만, 고통 받았던 부분들이 군데군데 드대로 남아 있다. 그 당시 그 시대 역사를 그대로 간직한 모습에서 예전의 그 고통과 아픔을 보는 내내 느낄 수가 있다. 생생한 산 증거를 그대로 보여 주는 것이 얼마나 중요한지 다시금 알게 해준다. 여기는 일반 관광코스처럼 단순한 놀이와 즐거움을 찾는 곳이 아니라, 남아공 역사와 문화에 깊게 패이고 새겨져 있는 남아공 사람들의 아픈 과거를 후손 및 타국인조차도 함께 엿볼 수가 있는 곳으로서, 거기에 담겨 있는 풍부한 역사 지식과 그 의미를 찐하게 맛 보게 할 것이다.

마이닝 디스트릭트(Mining District)

다음은 광산(Mining District) 지역, 작지만 내실 있게 작은 대로 잘 보존해 놓았다. 참고로 잠깐 한번 둘러 보면 좋을 것 같다.

마이닝 디스트릭트

프레토리아(Pretoria)

행정수도인, 프레토리아(Pretoria)를 소개 하지 않을 수 없다. 넬슨 만델라의 대통령 취임식(就任式)이 거행되었다는 유니온 빌딩이다. 프레토리아를 대표하는 유니온 빌딩은 역사의 굴곡(屈曲)이 깊은만큼 웅장함과 그 무게가 더해 보였다. 현재는 대통령의 집무실로 사용하고 있다.

프레토리아 유니온 빌딩(멀리서 찍은 모습)

프레토리아 시의 중심부
에는 역사와 유서가 깊은 처
치 스퀘어(Pretoria Church
Square)가 중요한 자리를 차
지 하고 있다. 그 광장 중앙에
는 19세기 보어의 지도자이자
남아프리카공화국의 대통령
인 폴 크루거(Paul Kruger)
의 동상이 많은 의미를 담고
서 있다. 꼭 기념 사진 찍기를
권한다. 또한 북서쪽 방향으
로 약30분~ 40분을 더 가게

트란스발 스코틀랜드 전쟁 기념비(Transvaal
Scottish War Memorial)

되면, 아프리카 토착민의 민족 의상, 노래, 춤, 공연을 볼 수 가 있는 "민
속 문화 마을(Aha Lesedi Cultural Village)"을 찾아 볼 수가 있다.
거기에는 아프리카의 다양한 전통 예술, 경관, 먹거리, 볼거리를 체험
할 수 있는 좋은 기회의 장이 될 것이다. 또한 수제 공예품도 구입을 할
수가 있다. 이 곳 외에도 볼트레커 기념비(Voortrekker Monument),
로보스 철도(Rovs Rail) 등이 주변에 있으니 시간이 허락한다면 꼭 한

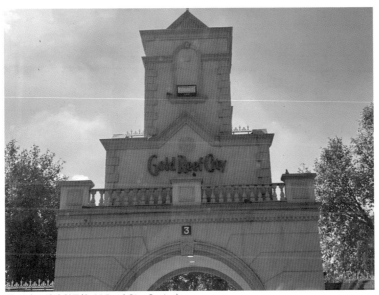
골드 리프 시티 입구(Gold Reef City Casino)

번 둘러 보기를 추천한다. 자~ 그러면, 바로 이어서 색다른 즐거움을 줄 수 있는 카지노를 둘러 보자.

요하네스버그에서 약 6km 정도 남쪽으로 내려가게 되면, 유명한 골드 리프 시티(Gold Reef City)를 찾아 볼 수 있다. 1967년 폐광(廢鑛)이 된 Crown Mines를 개조하여 당시의 금광으로 번성(繁盛)하던 모습을 재현한 박물관을 만들었다. 직접 금광 채굴 경험을 할 수 있는 시설도 있으며, 놀이 기구 등 훌륭한 테마 파크로 개조되어 현지인은 물론이고 외국인에게도 사랑받고 있다.

골드 리프 시티는 금광을 발견하면서 막이 열렸는데, 원 소유자였던 조지 해밀턴은 이곳에 세계에서 가장 큰 규모의 금이 매장(埋藏)되어 있으리라고는 생각지도 못하고 현재의 테마파크 소유자에게 양도했다고 한다. 폐광될 때까지 무려 140톤의 금이 채굴(採掘)되었다고 하니, 가히 상상이 가지 않는다.

골드 리프 시티 카지노 호텔 모습

이 카지노에도 호텔이 있는데, Gold Reef City Casino Hotel 이다. 바로 옆에는 아파르트 헤이트 박물관도 같이 있으니 참고 하기 바란다. 너무나도 이국적이고 아름답고 풍부한 즐거움을 줄, 카지노에서 잠시 시간을 보내 보는 것도 좋을 것 같다. 아예, 호텔에서 하루를 묵으면서 카지노와 아파르트헤이트 박물관을 함께 즐겨 보는 것도 좋을 것 같다.

테마 파크의 놀이 기구

아파르트 헤이트 박물관

박물관 입장권

바로 길 건너 넘어 오면, 역사적이고 숨막히는 아파르트헤이트(Apartheid, 인종차별정책)가 거침없이 자행이 되었던 그 박물관에서 오늘날의 대한민국과 남아공의 동변상련의 마음을 느끼지 않을 수가 없을 것이다.

입구 부터가 섬뜻하게 차별을 준다, 두려움과 떨림으로 숨을 멎게 만들었을 이 곳~~~

그 당시, 그들은 얼마나 무서웠고 떨어야 했을까~?!

강자와 약자, 지배자와 피 지배자, 그리고 식민지~!

삶과 죽음…, 그들에게는 선택이 아니였을 것이다.

아파르트 헤이트 박물관 입구

아파르트 헤이트 박물관 내에 전시된 역사의 자취

　그 속에서 자행이 되었던 모든 역사를 수 십대의 스크린으로 그리고 수 많은 사진으로, 그 당시 현장에 있었던 장갑차, 실물들을 고스란히 보존이 되어 있는 것을 보고, 또한 그 당시 투쟁하며 맨 주먹으로 싸웠던 그들의 모습을 스크린으로 보면서 눈물이 절로 흘러 내리게 될 것이다.

　이게 역사의 산 증거이자 그 현장을 체험해 보는 2세대들에게도 외국인들에게도 큰 애환, 의미를 주는 참 역사 박물관이다. 마치, 그들이 살아나와서 "이것이 역사이다, 너희들은 두 눈으로 이 현장을 똑바로 보아라!"라고 외치 듯 말하는 전율을 느낄 것이다.

　진정한 남아프리카 공화국을 알게 하고 깨닫게 하는 역사의 산 현

아파르트 헤이트 박물관 내부

박물관 옆의 레스토랑

만델라와 백인 간의 화합하는 한 장면

장, 산 증거인 곳이다. 백인이든 흑인이든, 우리 같은 아시아인이든…, 그저 그곳에서는 묵묵히 눈물만이 흘러내리게 하는 남아프리카공화국 역사의 고통과 아픔을 함께 어루만지게 하기에 부족함이 없을 것이다. 백인 2, 3세들까지도 눈물을 흘리는 모습을 종종 보게 되니 말이다. 이런 역사의 현장은 학교 교육이나 구언이 필요 없다는 것을 과감히 보여주는 좋은 산 현장이다. 그들은 이 역사의 현장을 두 눈으로 똑똑히 보면서 과연 무슨 생각을 하게 될까? 라는 생각도 하게 된다.

하루 내내 있어도 지루하지가 않은 이곳은, 작은 카페와 레스토랑 그

부시맨을 연상케하는 옛날에 거주했던 것으로 추정되는 집

남아공에는 원시적인 분위기의 카페가 많다. 앞에서도 언급이 되었지만, 믿기어 지는가?!

리고 기념 샵도 있으니 시장할 때, 꼭 들렀다가 식사와 커피, 다과를 즐기면서 쉬엄쉬엄 보는 재미도 있다.

이제는 새로운 곳, 변화된 오늘날의 남아공의 모습을 단편적으로 잘

남아공의 변회된 모습을 보여주는 케이프타운의 현대 미술관

보여 주는 뉴타운(New Town)은 2008년도에는 시티 오브 런던이 발표한 국제금융센터 인덱스에 따르면, 요하네스버그는 세계 50위의 금융 센터이며, 아프리카 대륙에서는 제 1위로 기록이 될 정도로 웅장한 도시로서 곳곳의 웅장한 은행 건물들이 들어 서 있는 것을 볼 수가 있

요하네스버그에 있는 호텔 안 모습　　　　　　　　　　요하네스버그에 있는 스탄다드

다. 이 외에, 선 시티(Sun City), 크루거내셔날파크(Krug National Park), 빅폴(Big Fall) 등 너무나도 많은 관광지가 줄을 서고 기다리고 있다. 이것은 사진으로 대체를 해야 할 것 같다.

　남아프리카 공화국에서 관광해 볼만한 곳은 넓은 땅덩어리 만큼이나 나이테와 같은 장구한 역사를 갖고 있는 자랑스런 나라, 인류의 요람이었다고 하는 남아프리카 공화국은 여러 민족이 함께 어울려 만들어 낸 그리고 지금까지 이어 오고 있는 남아공, 그 속에서 오늘날까지 뿌리 깊게 박힌 여러 민족이 화합, 하모니, 그들의 문화와 전통, 인종이 '오늘날 무지개의 나라'라는 타이틀을 갖게 하지 않았을까?! 라는 생각을 하게 한다.

　슬픔과 애환도 많이 있지만, 말로 형언할 수 없는 동고서저 지형을 가진 천혜의 아름다움을 다 가진 자원부국의 남아프리카 공화국. 지구의, 인류의, 모든 역사를 한 품에 한 곳에서 품고 있는 나라.

가든 루트 가는 한 해변가

로즈뱅크에 있는 카페 모습

"세계를 품다.~~"라는 슬로건을 가진 남아프리카 공화국은 더욱 더 특별할 수밖에 없다.

그럴 것이, 아프리카 최남단 대륙에서는 언제 그런 일이 있었냐는 듯 평화롭기만 한, 아프리카 남부해안선으로 2,798Km 길게 뻗어 있는 해안과 그 해안선은 남대서양과 인도양에 동시에 국경을 걸치고 있다.

빅5와 같은 사파리 뿐만이, 여러 해양 동물들도 한 곳에서 다 만날 수 있는 곳. 또한, 북쪽에는 나미비아, 보츠와나, 짐바브웨 국가들이 인접해 있으며 동부와 북동부에는 모잠비크, 에스와티나가 딱 버티고 있다. 그뿐만이 아니라, 대륙 즉, 남아프리카공화국 안에서는 '레소토'라는 작은 나라가 조용히 그 속에 앉아 있으니 말이다. 자연 그대로의 체험을 자연과 함께 마음껏 신나게 누려 볼 수 있는 대-자-연의 천국, 남아공이다.

광활한 대륙 아프리카에서 여러 국가들과 어깨를 나란히 함께 하며 긴 해안선을 따라서 신나게 마음껏 드라이브를 해 볼 수 있는 좋은 기회를 만들어 줄 이 곳은, 진정한 만인들에게도 "희망봉"이 살아 있는 케이프타운에서 독자 분들에게 희망을 품어 보라고 외치는 소리가 들리고 있지 않은가?!

광활하고 푸르고 넓은 남아프리카 공화국에서의 여행은, 영국 BBC에서도 "죽기 전에 꼭 가봐야 할만한 여행지 5번째"로 선정이 될 수 밖에 없는 이 곳을 말이다.!

   아직 다 채우지도 못한 아름다운 관광 여행지가, 크고 작은 관광 명소가 너무나도 많다.
   여기에 다 수록하지 못다한 스토리, 남아공에서의 기러기 엄마 생활하기, 유학, 비즈니스, 관광업에 뛰어 들기까지 16년 이상 고군분투한 삶은 2 권에서 이야기 보따리를 계속 풀어 놓으려 한다.
   지금까지 읽어 주신 모든 독자 분들께 머리를 조아려 심심의 감사를 드리며 아쉬운 글을 마무리한다.

희망봉에서

헌법재판소(Constitution Hill)

마이닝 디스트릭트

에버트 옵스탈 레스토랑(Evert Opstal Restrant)

레스토랑 내에 전시된 작품

남아공에서 흔히 볼수 있는 조각상

백년이상이 된 남아공 최초의 램프(보수완비)

아파르트헤이트건물 안 천장의 전시물

아파르트헤이트 건물 안에 수감자의 사진과 함께 보관괸 수감 시설

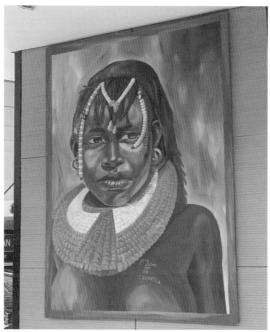

흑인여성 페인팅

요하네스버그시내

예술의거리, 요하네스버그

요하네스버그에 있는 오래된 건물

잘 보관된 옛 건물

카지노, 조벅

조벅 시내

조벅 시내

조벅 시내

로즈메모리얼에서 바라본 케이프 시경

조벅 시내 상가

프레토리아 유니온 빌딩

로즈메모리얼에서

수백년은 된 골목 뒷안길

기념품 가게

레스토랑

허마너스의 아름다운 해변

시프톤 베이

볼더스 비치 펭귄섬에서

케이프포인트 가는 길에서

아프리카 최남단, 케이프포인트에서 내려다 본 대서양과 인도양이 만나는 곳

채프만스 픽 드라이브 가는 길에서

테이블마운틴 정상에서

피크닉 파크

가게 앞

스틴버그

제프레이 베이

희망봉 끝자락에서

스텔렌보쉬 시내

콘스탄시아 와인팜

썸머셋 레스토랑

썸머셋 와인팜

스틴버그와인 팜

가보고 싶은 나라! 남아프리카공화국 풍물과 역사를 찾아서

펴 낸 날   2023년 11월 15일
지 은 이   최경자
펴 낸 이   박상영
펴 낸 곳   도서출판 정음서원
주   소   서울특별시 관악구 서원7길 24, 102호
전   화   02-877-3038
팩   스   02-6008-9469
신고번호   제 2010-000028 호
신고일자   2010년 4월 8일

I S B N   979-11-982605-4-3 13980
정   가   16,000원

값 16000 원
13980
ISBN 979-11-982605-4-3
9 791198 260543